有钱人和你想的不一样

李萌 编著

成都地图出版社

图书在版编目(CIP)数据

有钱人和你想的不一样／李萌编著. -- 成都:成都
地图出版社,2018.10(2023.3 重印)
ISBN 978 - 7 - 5557 - 1039 - 4

Ⅰ. ①有… Ⅱ. ①李… Ⅲ. ①成功心理 - 通俗读物
Ⅳ. ①B848.4 - 49

中国版本图书馆 CIP 数据核字(2018)第 237933 号

有钱人和你想的不一样
YOUQIANREN HE NI XIANG DE BUYIYANG

编　　著:李　萌
责任编辑:王　颖
封面设计:松　雪
出版发行:成都地图出版社
地　　址:成都市龙泉驿区建设路 2 号
邮政编码:610100
电　　话:028 - 84884827　028 - 84884826(营销部)
传　　真:028 - 84884820
印　　刷:三河市宏顺兴印刷有限公司
开　　本:880mm × 1270mm　1/32
印　　张:8
字　　数:180 千字
版　　次:2018 年 10 月第 1 版
印　　次:2023 年 3 月第 8 次印刷
定　　价:29.80 元
书　　号:ISBN 978 - 7 - 5557 - 1039 - 4

前　言

每种人生结果都有其产生的原因。金钱、财富、健康、幸福都是一种结果，包括你的体重也是一种结果，我们始终生活在一个有因有果的世界里。而结果是由行动决定的，行动是由想法支配的。

我们相信，走向富裕是多数人的心声。把握富裕的节奏，掌握富裕的奥秘，便有希望获得财富。

为什么有的人经济宽裕甚至非常富有，而有的人却捉襟见肘？借鉴富人的致富经验，相比之下我们除了钱以外还缺什么？很多事情我们是做不到还是想不到？在同一时期同一件事情上，我们做错了什么？像富人那样思考，就会像富人那样得到；像富人那样选择，就会像富人那样富有。

富人往往善于做出正确选择。有时他们的选择看起来不近情理，有时他们的选择看起来不可思议，但人生往往就是选择的结果，命运同样也是选择的结果。

有时所有普通人都能做出的选择，恰恰是最容易的选择。这种选择可能在当时看来是聪明的、现实的，但对整个人生来说，却可能是错误的。

本书通过对致富奥秘的探索，揭示富人在心态、品质、经济思维、财商、理财观念、财富规划及风险控制等方面的特殊之处。 通过真实案例，全面、系统地分析富人是如何拥有财富的，并总结出致富原则和可以借鉴的方法技巧，力图使在迷茫中前行的读者们得到启示，帮助大家迅速地找准自己的位置与前进方向，实现个人价值并最终走向财务自由之路。

请你相信，你也可以成为有钱人。

2018 年 10 月

目 录

第一章
有钱人和你想的不一样

掌控命运——有钱人的致富法则

> "为了发财致富，我琢磨了许多办法，也尝试了好几次，但是都以失败告终，看来我这辈子是与财富无缘了，还是死了这条心吧！"

稍加留意，你就会发现现实生活中经常充斥着诸如此类的话语，很多人因为出身贫寒或者在追求财富的过程中遭遇挫折打击，而早早地向命运低头，自甘平庸。

很显然，这样的人都是典型的宿命论者，他们认为自己的命运是上天早已注定好的，不可改写。在这种意识的作用下，他们安于现状、不思进取，心甘情愿地被命运安排，却从未想过主动出击，用自己的双手去改变命运。

如果再稍加观察，你会找到这样一个有趣的规律：发出此类哀叹的人往往都不愿努力，不思进取，的确难有出头之日。

对此，另一类人则有着截然不同的态度，他们坚信命可改、运可造，一切皆有可能，自己的命运全凭自己来缔造和掌控。

这里，我们不妨一起来看看这样一则寓言故事：

上帝的使者来到人间，恰巧遇到一个算命先生正在给两个孩子占卜预测前程，只见算命先生指着其中一个孩子说："你将来会成为状元。"接着又指着另一个孩子说："你注定是当乞丐的命。"

二十年后，上帝的使者再次来到人间，他找到当年的那两个小孩，想验证一下算命先生预言得是否准确。然而结果却令他大吃一惊：当年被预测会成为状元的孩子如今已沦落为流浪街头的乞丐，而当初被断定是乞丐命的孩子反而成了状元。

使者百思不得其解，便找到上帝询问答案。

上帝回答道："我赋予每个人的天分只决定他命运的三分之一，而其余的三分之二则在于他个人的把握与掌控。"

中国台湾的著名实业家王永庆曾说过："先天环境的好坏，不足喜亦不足悲，成功的关键完全在于一己的努力。"最终决定一个人命运的，不是来自外界的操纵，也不是上天的安排，而是出于对自身的把握和掌控。

就像上面故事中被预测成为乞丐的那位状元一样，或许他的先天条件并不占优势，或许他的出身并不那么高贵，但这都不是决定他命运走向的终极因素。他之所以能打破算命先生的预言，必然是他抗争命运、掌控命运的结果。

试想，如果他听信了算命先生的话，认定自己是乞丐命，因此屈服于命运，不作任何抗争与改变，那么二十年后摘得状元桂冠的人还会是他吗？

当然不会！不仅不会，他还可能真就应了算命先生的话成了一个乞丐，稍微好点儿也可能只是数米过日子的穷人。

同样，一个占有先天优势或者出身高贵的人（如故事中被预言会成为状元的乞丐），如果没有很好地把握、掌控自己的命运，也终究会一事无成。

可见，对于命运的不同态度，是决定一个人"向穷走还是向富走"的指向标。

纵观中外历史，大多数有钱人并不是生来就拥有富裕生活的，他们很多都出身寒门，也曾经历过穷困潦倒，之所以能够完成华丽转身，就是因为他们不屈服于命运的安排，不甘于受命运的摆布，认定自己才是自己命运的主宰。

其中，李嘉诚便是一个很好的例子。

李嘉诚出生于广东潮州市一个贫困家庭，童年过着艰苦的生活。

11岁那年，正逢战乱，李嘉诚随父母到香港避难，一家人寄居在家境富裕的舅父庄静庵家中。然而祸不单行，没过多久，李嘉诚的父亲（家中的经济支柱）因劳累过度不幸感染肺病而撒手人寰。

父亲的离世使全家人都陷入了深深的悲痛之中，尤其对于李嘉诚的母亲来说，这更是一个极为沉重的打击，家中的希望已经不在，未来该何去何从？

这个时候，李嘉诚并没有因为家里的悲惨遭遇而向命运屈服，为了养活母亲和三个弟妹，并且不依赖他人的救济，身为长子的他决定辍学，毅然用稚嫩的肩膀挑起了家庭的重担。

李嘉诚最开始在舅父庄静庵的中南钟表公司当倒茶扫地的小学徒。在这里，他学会了察言观色，见机行事。后来，因不愿长期寄人篱下，19岁的李嘉诚到一家五金制造厂以及塑胶带制造公司当推销员。由于业绩出色，李嘉诚第二年就晋升为部门经理，不久后又被提升为公司总经理。

在这段"行街仔"的推销生涯中，李嘉诚克服现实中遇到的重重困难和挫折，不断丰富自己的商业知识，结交各界朋友，为自己日后事业的发展打下了坚实的基础。

1950年夏天，22岁的李嘉诚把握时机，用平时省吃俭用积攒下来的钱创办了自己的第一个工厂——"长江塑胶厂"。1957年，该厂开始生产塑料花，到1964年，李嘉诚就已赚得数千万港元，长江塑胶厂随之成为世界上最大的塑料花生产基地，李嘉诚也因此获得了"塑料花大王"的美誉。此后，李嘉诚又抓住时机涉足塑料玩具、房地产等行业，最终缔造了一个庞大的商业帝国。

面对贫寒的出身和不幸的遭遇，很多意志薄弱的人会认为是造化弄人，命中注定如此，从而提前缴械投降，最终一生都无法摆脱悲惨的命运。

树立远大目标，创造财富奇迹

一些人总是存在"小富即安"的心理，稍微获得一点儿财富，解决了温饱就心满意足、不思进取，这终究不是能干大事的心理。

而有些人追求的则是更大的目标，他们有自己远大的财富目标以及不达目标誓不罢休的决心和魄力，正因为有这样一股气势，他们才能成就大业。

卓有成效的成功者，没有哪一个是满足于眼前的，他们都追求更大的目标。 其中，"环球航运集团"创始人、世人公认的华人"世界船王"包玉刚就是典型代表。

包玉刚于1918年出生在浙江宁波一个商人家庭，父亲包兆龙常年在汉口经商。因为宁波地处东海之滨，包玉刚家所在的村落离海不远，因此童年时的包玉刚经常去海边看船、嬉戏。

13岁那年，父亲送包玉刚到上海求学，随后不久，包玉刚便进入吴淞船舶学校学习船舶。抗战爆发后，包玉刚辗转到重庆，在一家银行找到了一份工作。

1938年，包玉刚再次回到上海，进入中央信托局保险部任职。因为认真负责的工作态度以及之前在银行工作的经验，包玉刚很快获得了升职加薪的机会，仅仅用了短短七年的时间，就从普通小职员晋升为衡阳银行经理、重庆分行经理。1945 年，包玉刚就已经是上海银行的副总经理，小有名气。

在常人眼里，包玉刚已经算是小有成就了，工作稳定，工资待遇也不错，然而有着更大追求的包玉刚并没有继续这种一眼就望到头的生活。他毅然辞去了令人羡慕的银行工作，于 1949 年初与父亲一起带着所有的积蓄到香港另辟天地。

最开始的时候，包玉刚做一些进口贸易方面的小生意，得到的也只是一些小财富。经过深思熟虑后，追求大而豪的他决定从事航运。父母得知包玉刚的打算后，都投反对票。母亲认为搞航运风险太大，一不小心就会破产，而父亲则认为香港航运业竞争激烈，作为门外汉，根本不可能经营下去，建议儿子投资房地产。

然而，包玉刚却信心十足。他根据在从事进出口贸易时获得的信息，坚信海洋运输业有很大的发展前景。况且香港通航世界，是商业贸易的集散地，其优越的地理环境非常有利于航运业的发展。

说做就做，包玉刚四处了解船舶和航运的情况，认真研读航运和船舶方面的知识，终于在自己 37 岁时，成立了环球轮船有限公司，开始了海上事业。初期，包玉刚四处借贷，但是却处处碰壁，几经波折辗转，才在一个朋友的帮助下，贷款买下了一艘以烧煤为动力、已有

28年航龄的旧货船。虽然这艘船很破旧，但是包玉刚却视之为珍宝，请人将它认真粉刷整修了一遍。后来，包玉刚就靠这艘名叫"金安"的旧船，在航运业打拼出了属于自己的天地，结束了洋人垄断国际航运界的历史，成为雄踞"世界船王"宝座的华人巨富。当时，包玉刚所经营的集团下设20多家分公司，总资产高达50亿美元，位居香港十大财团的第三位。

在海洋上成就了自己的一番事业后，包玉刚又将重心转移到陆地上来，他将自己的一部分财产投资到房地产、酒店、交通运输等行业，也经营得非常红火。

1986年，包玉刚的海上帝国和陆上王国都发展到了顶峰，他的财富也多到可以买下一个国家，甚至他本人都开玩笑说："我不愿意知道自己到底有多少财产，因为害怕由于不知所措而引起心脏停止跳动。"

包玉刚到底拥有多少财富，我们不得而知，但是可以肯定的是，他已经实现了自己的财富追求。正是因为有这样一种追求，包玉刚才会果断放弃令人羡慕的银行工作，投身于他并不熟悉的航运业；正是因为目标远大，包玉刚才能打造出辉煌的海上帝国，成为世界十大船王之一；正是因为有所追求，包玉刚才会在海上闯出一片天地后"弃舟登陆"，创造又一个令人惊叹的陆上财富王国。

如果当年的包玉刚仅仅只是满足现状，那么他就不可能放弃安逸稳定的生活，自己创业当老板；也不可能抛开自己熟悉的进口贸易行业，进军陌生的海洋运输业；更不可能在海洋上和陆地上打造两个帝国，创造一个又一个财富奇迹。

下面，我们不妨来看看只有高中学历的克罗克是如何建立起麦当劳快餐王国的。

因为家境贫寒，刚上高一的克罗克被迫辍学。走出校门后，克罗克曾在乐队弹过钢琴，也曾在芝加哥广播电台做过编导，还曾做过食品机械推销员的工作。

1937年，克罗克用积攒下来的积蓄开了一家小店，专门经销混乳机，虽说是自己当老板，但是克罗克的收入却不多，只能维持温饱。不满足于现状的克罗克一直都在寻找发财致富的机会。

1954年的一天，克罗克发现在圣伯丁诺开快餐店的麦氏兄弟一次性订购了8台混乳机。之前还从来没有顾客一下子订购这么多台混乳机，这引起了克罗克的注意，于是他决定到圣伯丁诺考察一下。

麦氏兄弟开的这家麦当劳快餐店给了克罗克非常深刻的印象，虽然它在外观上与当时其他的汉堡包店没什么区别，但是生意却异常火爆。麦当劳餐厅前排着长长的队伍，足有一百多人。在如此忙碌的情况下，麦当劳的服务员工作效率极高，竟然可以在15秒之内交出顾客所点的食品，这让克罗克大为惊叹。

顾客一边排队一边谈论着这家快餐店，夸奖它的食品价格低、品质好，餐厅干净，服务态度好，最主要的是速度还很快。听了顾客的讨论后，克罗克意识到这其中有很大的商机，于是他立即找到麦氏兄弟，表示自己愿意和他们合作，在美国克隆出多个麦当劳快餐店。

然而，麦氏兄弟对克罗克的提议并不是很感兴趣，他们觉得凭着这一个店面，一年就能稳赚10万美元，这对他们来说已经非常满足了。经过艰苦的谈判，麦氏兄弟才同意授权克罗克在全美各地推销麦当劳连锁店的加盟权。

在推销的过程中，克罗克发现麦当劳快餐店具有无限的发展潜力，于是在1961年以270万美元的天价买断了麦当劳的经营权。在克罗克的精心经营下，短短10年的时间，麦当劳在美国的连锁店就达到了700多家，并且拓展到全球范围，迅速发展成为一个快餐王国。

麦氏兄弟当年整整经营了25年，麦当劳还是一个小小的店。最终，这个"赚钱机器"被麦氏兄弟卖给了克罗克，这不能不说是一个遗憾。相信当麦氏兄弟得知自己亲手创办的麦当劳品牌成为克罗克手中的"摇钱树"时，他们一定懊恼当初的决定。

在这场财富游戏中，克罗克无疑是最大的赢家。他在巨大的财富目标的驱使下，努力寻找发财致富的机会，从而从"一次订购8台混乳机"这件小事上，发现了具有巨大发展潜力的快餐业，并且通过坚持不懈的努力，把麦当劳打造成了一个快餐王国，而克罗克本人也一跃成为麦当劳王国的"国王"，财富滚滚而来。

从包玉刚和克罗克的亲身经历中我们可以看出，是否能够掌控自己的命运，将命运掌控到什么程度，决定了人们在追求财富的道路上能够走多远。

就如"燕雀安知鸿鹄之志"一样，志向远大的人所追求的目标是那些安于现状的人所无法理解的。善于掌控自己命运的人，会制造一切使自己与众不同、登上人生巅峰的机会，而这不仅是有钱人的致富法则，还是他们的人生经验。

做金钱的主人

你在为什么而工作？金钱在你眼里意味着什么？

不同的人给出的答案是截然不同的。对于一部分人来说，他们工作纯粹就是为了赚钱，金钱就是他们生活的全部，是他们工作的唯一目的。这种为金钱而工作的态度注定这类人只能是金钱的奴隶，永远被金钱牵着鼻子走。

而另一部分人则完全不同，他们工作并不仅仅只是为了金钱，金钱只是他们实现最终理想、体现自身价值的工具之一。这类人懂得让金钱为自己工作，做金钱的主人。他们一方面能利用自己手头的钱为自己服务，创造出更多的财富；另一方面又能为自己内心的宏伟理想而工作，而金钱仅仅只是实现理想的工具。

由此我们不难看出，不同的人对待金钱的态度截然不同，造成的结果也会大相径庭。

纵观古今中外卓有成效的成功者和拥有财富的人，他们都是懂得让金钱为自己工作，用金钱赚取更多财富的人。其中，世界著名企业家狄奥力·菲勒就是一个典型代表。

狄奥力·菲勒出生在一个贫民窟，从小过着贫穷的生活。尽管家境贫寒，但是狄奥力·菲勒却有着与生俱来的高财商。

小时候，狄奥力·菲勒就曾把一辆从街上捡来的玩具汽车修理好，以每人0.5美元的价格租给同学及小伙伴玩。不到一个星期，他就赚回了能买一辆新玩具车的钱。

拥有高财商的狄奥力·菲勒中学毕业后，成为了一名商贩。有一次，一艘海轮在运输过程中遭遇了一场大风暴，船上足足有一吨来自日本的丝绸被染料浸湿了，上等的丝绸一下子变成了残次品，货主以低价处理，却无人问津。无奈之下，货主打算将这些被染料浸湿的丝绸搬运到港口当作垃圾扔掉。

狄奥力·菲勒得知这个消息后，马上联系到货主，表示愿意免费将这批没人要的丝绸处理掉，货主听后非常感激。

得到这批丝绸后，狄奥力·菲勒将其做成迷彩服装出售，一举赚得十多万美元。

随后，狄奥力·菲勒用挣来的十多万美元买了一块偏僻地段的地皮。人们都认为他不是傻了就是疯了，竟然花高价买这样一块无人问津的地皮。

然而，一年之后，市政府宣布在郊外建造环城公路，而这条环城公路正好在狄奥力·菲勒买的那块地皮附近经过，地皮价格因此飙涨，升值了整整150倍。当时狄奥力·菲勒并未急于出手，而是在3年后，以2500万美元的高价卖了出去。

灵活玩转金钱，使得狄奥力·菲勒轻松迈进了财富的殿堂，成为一名名副其实的富豪。

狄奥力·菲勒的高财商是毋庸置疑的。正因为懂得让金钱为自己工作，让钱生钱，狄奥力·菲勒才能从贫民窟中走出来，成为自由出入高贵场所的上层人士。

少年时期的狄奥力·菲勒曾在自己的实践中感悟道："要让金钱为自己工作，成为金钱的主人。"这也是他最可贵的创富资本以及成功秘诀。

然而，现实生活中，却有很多人终日为钱而工作，沦落为金钱的奴隶。在金钱面前，他们被动、卑躬屈膝，为了赚钱一根筋走到底。而有钱人在金钱面前则是主动、不卑不亢的，他们能轻松玩转金钱，让金钱为自己工作，创造更多的金钱和财富。

不仅如此，有钱人还明白，人的一生不能仅仅只局限在金钱上，还应该有更高更远的追求，而金钱则是他们实现自身价值和财富以外的理想的工具，这种理想往小了说是自我价值的实现，往大了说则是为社会做出贡献。

不管从哪一个角度来看，有钱人在金钱面前，总是占主导地位的，他们不为金钱所累，以主人的姿态来对待金钱和自己的工作，这样才能协调好金钱和工作的关系，既为自己创造了财富，也为社会做出了贡献。

所以，在追求财富的道路上，朋友们一定要端正自己对金钱以及工作的态度，灵活使用金钱，让金钱为自己服务和工作。

那些整日只为金钱而忙碌的人，在他们眼里，金钱就是他们一生的终极目标，这样的态度不仅导致他们无法灵活玩转金钱，还会使他们忽略了金钱以外更加珍贵的东西，比如理想、自我价值等。我们只有逃离了"为金钱而工作"的意识怪圈，才能离财富更近一步。

把握良机，果断决策

很多人都想变成富人，问题在于并不是不知道该怎么做，而是不敢真的去做。人们总是有太多的顾虑，面对未来的许多不确定因素，不去想一万，总去想万一，越想越觉得可怕，"这件事会不会失败"的念头取代了无数其他的可能性。结果，成功的可能也就在这种犹豫和等待中化为乌有。

有的人一生都在等待，等所谓的机会，等条件成熟，可头发等白了，心也等老了，即使条件成熟了，也懒得干了，没有能力去做了。机会不是等出来的，是干出来的，不干就永远没有机会。

平庸者就像墙头草一样摇摆不定，无论他们在其他方面多么强大，在生命的竞赛中，他们总是容易被那些坚定的人挤走，因为后者想做什么，立刻去做。可以这样说，光拥有睿智的头脑并不够，还必须拥有果敢的判断力、决断力。

机会稍纵即逝，犹豫不决的人很难抓住机会。雷厉风行虽然会犯错误，但总比什么也不敢做强。为什么这个世界上成功的人总是少数，大部分人都在竞争中失败？仅仅因为耽搁与延误造成的失败，便在这众多的失败者中占了很大一部分。财富与风险同在。有的人只看到了风险，但却有数不胜数的成功者因为在关键时刻敢于冒险，迅速做出决定，创造了财富。

"种下行动就会收获习惯，种下习惯便会收获性格，种下性格便会收获命运。"心理学家兼哲学家威廉·詹姆斯如是说。他很明确地告诉人们：习惯造就一个人，你可以选择自己的习惯，也可以养成自己所希望的习惯。

果断决策的习惯对有钱人来说非常重要。准备成功或即将成功的人经常要准备冒险做出不成熟的判断或采取不利行动。因为他们认为，偶尔做出错误的决定，总比从不做决定要好。让一个人形成果断决策的个性，是生命成长中道德和意志训练方面最重要的工作。所以，如果你看到那些犹豫不决的平庸者，请离他们远一点，因为关键时刻的优柔寡断只会带来灾难性后果，而快速决策则使许多成功人士渡过了危机和难关。

干起来再说，边干边寻找机会，边干边创造条件，边干边修正，边干边完善，没什么可怕的，只要大方向是对的，也许最初看起来没有希望的事，最终就有了好的结果。

被誉为"商界常青树"的亿万富豪李晓华认为自己成功的重要秘诀就是："果断抓住每一个机会。"作为中国第一个拥有法拉利轿车的人，李晓华也是第一个同时荣获联合国颁发的"科学与和平奖"和"和平使者奖"的中国人。在天空中，还有一颗小行星被命名为"李晓华星"。那么，他是怎样由一个普通工人、一个在北大荒插队的知青成为亿万富豪的呢？

1978 年，李晓华就抛弃"铁饭碗"，下海成了中国第一代个体户。他的第一个机遇出现在广交会上，他牢牢地把握住了。在南下广州进货的时候，他偶然看到了一台作为样品的美国冷饮机。他掏出仅有的 300 元钱把它运回北京。他用冷饮机在盛夏的北戴河赚了十几万元，这是他挖到的第一桶金。

李晓华令人称奇之处在于，之后他几乎没有放过每一次机遇。1989 年，当时香港的房地产市场剧烈震荡，许多人为了移民，家具、电器都不要了，只要给钱就卖。

当时，刚刚在日本因为"章光 101"而大赚一笔的李晓华来到了香港。他看到了一些有钱人纷纷忙于移民，悲观的论调使香港的地价猛跌。那时候，到处贴满了出售旧楼的广告，看不清形势的商人则纷纷将手中的物业以"跳楼价"抛售。一时间，房地产市场一片跌声。许多香港房地产商对内地的形势吃不准，也不敢贸然接手楼盘。一直关注着国家形势的李晓华却看准了这个时机。在他看来，中国改革开放的脚步只会向前继续走而不会走回头路，香港面积很小，寸土寸金，电器产品可以说想生产多少生产多少，而土地、房屋却是没法造出来的。于是，果断投入大量资金，大批收购低于平时售价的楼宇。他确信，风雨过后必定会有一个光明的未来。

不到半年，正如李晓华所料，形势日趋明朗化：中国局势稳定，对外开放政策不变，"一国两制"方针不变。于是，许多离港居民陆续返港，香港房地产价格骤然之间连续攀升。

李晓华见时机成熟，将手中的楼盘全部抛出，一举跻身于亿万富豪的行列。这场漂亮的"房地产之战"成了他商战中的经典之作。

事后人们一再问起李晓华："你为什么能够力排众议，当机立断?"

李晓华的回答是："我对自己的祖国充满信心。"

在这场特殊的房地产之战中，不熟悉中国国情的商人不敢贸然行动，也不敢铤而走险。唯独像李晓华这样有着多年中国生活经历，并且对这片土地有着无比深厚感情的中国商人，才能做到如此胸有成竹，从而稳操胜券。

机遇是留给有准备的人的。 这句话在李晓华身上得到了近乎完美的验证。

机会其实就在你身边，就看你会不会去发现和创造。 每扇机会之门，都有一把打开它的钥匙，但是，这一把钥匙不在别处，而在每个人的心里。 机会看起来遥不可及，但思维角度一变，机会就近在咫尺！ 在你得到第一个机会之前，要想办法做好一件事让人看一看。 假如你通过行动完成了一件乃至几件让人佩服的事，就会受到他人的重视，以此赢来第一个机会。 之后，机会还能带来机会，成功会继续造就成功！ 抓住机会也像一切冒险一样，你必须先放弃事前不确定的输赢，去探求你没有一定把握的下一步。

世界上每一位成功的商人都是"风险管理家"，他们不会因为害怕风险而放弃千载难逢的赚钱机会。 很多时候，仅仅因为一个机会，他们就会一举成功。

要做到多谋善断，要注意以下几点：

（1）果断决策才能抓住每一个机会，要想成功就要冒险。在富人眼中，冒险并不是做了什么天大的抉择，而是咬紧牙关，不管多么困难，一定要有赢的决心。 成功最大的成就感也源自于此。

（2）立即行动。 很多人不可谓不聪明，也有很多好的主意，可成功与否在于是否执行，在于是不是马上去做！ 在深思熟虑做出决断之后，成功者就会立刻投入行动，因为他们深知：要成功就要积极行动，只有行动才会产生成果。 有非常多的人这么想："成功始于想法。"但是，只有这样的想法，却没有付出行动，还是不可能成功。

（3）要向自己确立的目标迈进。 成功者会首先明确自己的目标。 设定目标是提升效率的第一步，目标有助于你很好地进行自我管理，从而使工作条理化。 有序的工作也就等于节省了时间，并且能够激发潜能，从而大大提高工作效率。

（4）明确自己今天该做的工作，是成为一个有钱人不可缺少的条件。 我们经常会看到，电视剧里一些成功人士的秘书每天必须做的一件事就是提醒上司当天的日程安排。 最简单的方法就是把当天的事项列一个清单，然后按轻重缓急排序。

财富拥有者在追求财富的过程中，都是永不停歇地跋涉着，并显示出非凡的能力。 即使是重大的事情，他们的行动也要比我们想象得快得多。 理想的时机并不存在。 那些幻想理想时机存在的人具有丰富的想象力，幻想着有那样一个理想的时机。 他们大部分人都犯下了等待理想时机到来的错误，这只是一个美丽的借口。 通常来说，理想时机就是从现在开始，一步一个脚印地走下去，直至实现自己的财富之梦。 如果你想成功，现在就开始行动，从现在这一刻起就积极行动。

勤于学习是创造财富的前提

这个时代已经进入了学习型社会，读书学习不再只存在于学校之中，而是渗透到生活的方方面面。 很多人在紧张的工作之余特意抽出一些时间来充电，花钱报各种学习班，学电脑，学英语，学开车……在全民的学习热潮中，学习仿佛成了一种时髦，可很多人却忘记了学习的初衷——为了活得丰富，无论是精神层面还是物质层面。

有些人学习的目的并不明确，可能仅仅是为了保住眼前的饭碗，他们没有想过通过学习来致富。在这个迅速发展的社会，学习就像逆水行舟，不进则退，如果仅仅是为了保住饭碗而学习，就不会付出百分之百的努力，这样到最后，不要谈致富了，连原先的饭碗可能都保不住。而那些不愿意改变、不愿意学习的人，迟早会被高速发展的时代所抛弃。

有些人在学习的时候总会找各种各样的借口，比如时间不够用，工作太劳累等。而成功者则会主动挤时间来学习，因为他们有着远大的目标，他们知道自己之所以发奋学习不只是为了保住饭碗，还为了获得更大的成就。

陈茂榜是台湾一位著名的企业家，他不仅是一位身家过亿的大老板，还是一位激情四射的演讲家。他的知识面之广，让同行为之惊叹。他还有一门绝技，那就是记数字。但凡能叫得出名字的国家，他对这些国家的面积、人口，甚至贸易额都能倒背如流。而这一切的成就，都取决于陈茂榜热爱学习的天性。

陈茂榜的学历很低，只是小学毕业，他却获得了美国圣诺望大学颁发的名誉商学博士学位。这个只有小学学历的人，之所以能获得博士学位，主要是因为他一辈子都坚持自修。陈茂榜在 15 岁的时候因为家庭原因而辍学，到一家书店当店员，他白天要工作12个小时，但下班后，他养成了读书学习的习惯。读书成了他的享受，而书店则成了他的私人书房。

久而久之，陈茂榜养成了每天晚上至少读两小时书的习惯。他在书店整整工作了8年，也就是读了8年的书。

陈茂榜有这样一个观点：人生的成功大多取决于晚上8点到10点的这段时间，利用好这段业余时间的人，大多都能做出一番事业来。

富有者往往都是勤于学习的人，学习对于他们来说是一种日常的习惯，也是一种天大的乐趣，久而久之，更会变成一笔不菲的人生财富。学习，不应是被动和机械的，而是通过自己的用心观察以及实践经验总结出一套无往而不利的行事规则。那些富有者给人的感觉总是目光锐利，对事情的判断比常人要准确，这些都得益于他们的刻苦学习。

而平庸者则喜欢跟在别人的后面，不到万不得已的时候，他们是不会拿起书本的，更别提翻看生活中的"无字之书"了。他们喜欢把自己的平庸归结于社会和他人，却从不反省一下自己的惰性。学习在这样的人眼里，是一件花费力气的事情，即使公司花钱免费对他们进行培训，他们也会觉得得不偿失，认为自己的时间被占用了。

平庸者勉强学会一门生存技能时，他们就认为自己已经有了铁饭碗，便不再把学习当回事了。而成功者永远都在学习最先进的理念、最先进的技术，让自己跟这个时代一起向前。

成功者无论学什么，都能用心把它学好学精，并且达到学以致用、举一反三的效果，把学到的东西变成改变自己命运的推动力，让抽象的知识变成实实在在的财富。而普通人大多只是掌握必要的生存技能，却不知道发展这些技能，只能得过且过地活着。他们认为学习太累，却又不得不因为不学习而从事枯燥劳累的劳动，这是多么悲哀啊！

记住，光闷头学习是不够的，一定要搞清楚为什么而学习，是为了一个饭碗还是为了人生取之不尽的财富？

陈茂榜曾经说过："学历固然有用，但更有用的是真才实学。"一个人能否成功，首先在于是否能在工作之余去努力充电，努力提高自己；其次是是否能在对的时间学到对的技能；最后是是否有一个远大的理想，让这个理想来指导你的学习。

拥有创造机会的勇气和智慧

岁月蹉跎，多年后几个同学聚在一起，喝着啤酒，哀叹生活的艰辛，偶尔谈到另一位腰缠万贯的同窗，羡慕、不服气、佩服和失落……种种情绪自然地流露出来。

自负者不屑地说："他也就是瞎猫碰上死耗子，要是当初我下海，肯定比他成功！"

懊恼者说："当初我就是舍不得那份工作，那工作在当时很不错的，多少人抢啊，一放手就会被人抢走，再也找不回来了，当时他还找过我要合作呢，你说我当时怎么就那么傻呢？要是下海了多好啊！"

崇拜者说："他真的不简单啊，当时放弃'铁饭碗'下海的那股勇气从哪里来的呢？他怎么就知道这个项目一定挣钱呢？首创啊，还没人敢做呢，他就是敢，不服气不行啊！"

这样的对话总是发生在因为担心失去眼前机会而放弃创造机会的人身上。纵观普通人和有钱人的世界，你会发现：普通人不是拼死拼活地在自己的工作岗位上勤勤恳恳、辛劳付出，就是在蜿蜒狭小的独木桥上与千军万马你争我夺，杀得头破血流；而有钱人则能潇洒而怡然自得地看着普通人之间的抢夺，自己则在一旁搭一座桥，游刃有余、彬彬有礼、体面轻松地到达财富的彼岸。

为什么二者的付出和得到之间会有这么大的差别呢？因为普通人恐惧失去机会，而有钱人不断创造机会。普通人因害怕失去已有的机会，而失去创造机会的能力；而有钱人则懂得聪明地去创造机会，勇做第一人，自己亲手制作一个蛋糕，然后慢慢切割，等到有人发现这个蛋糕的时候，他们已经拿走了不少，获得了大量的财富，积累了雄厚的实力。

普通人之所以是普通人，是因为他们看到的往往只是眼前的机会。为了抓住眼前的小机会，他们拼尽全力，并且日夜恐惧失去眼前的机会，以致没有精力、能力创造新的机会。这样往往会计算出了眼前机会可以带来的财富和创造新机会可能遭受的损失，从而产生了害怕失去眼前机会的恐惧，失去了创造新机会的勇气。

有钱人之所以为有钱人，是因为他们懂得不断地创造新机会，这些机会可以是一个新的项目，也可以是一个老项目的新改变。他们能够在创造新的项目后，不断地对新的项目进行改进和完善，进而发现新的发展机会。当然，创造机会的能力并不是凭空而来的，除了必须有敢于放弃、不怕失去机会的勇气外，还需要创造机会所必需的智慧和眼光。这种智慧和眼光可以让人看见未来的机遇，而不是盯着眼前大家都在争夺的机会。只是这种智慧和眼光并不是天生的，也不是必然会有的，而是需要逐渐培养的。

2008 年 6 月 27 日，比尔·盖茨正式退休，放弃了微软公司的一切管理事务，结束了叱咤风云的商业生涯。但是他创造的商业传奇将使他的名字永载史册，他已经成为所有对财富与事业充满梦想的人仰视、崇拜的偶像。

比尔·盖茨之所以成为蝉联世界首富 13 年的传奇人物，是因为他坚守了软件工业将改变人们的生活习惯、成为人们生活必需品的信念。早在 20 世纪 70 年代初期，盖茨写了一封震惊了计算机界的《致爱好者的公开信》，信中称计算机软件将会是一个巨大的商业市场，计算机爱好者们不应该在不获得原作者同意的情况下随意复制电脑程序。在 19 岁从哈佛大学退学时他也说过这样一句话："我们意识到软件时代到来了，并且对于芯片的长期潜能我们有足够的洞察力，这意味着什么？我现在不去抓住机会反而去完成我的哈佛学业，软件工业绝对不会原地踏步等着我。"

这种信念是强大的，因为所有人都知道进入哈佛并从哈佛毕业意味着房子的一半已经搬进了美国富人区。而放弃这个远大前程的理由只有一个，那就是发现了一个更为远大的前程。如今，全世界的人都见证了他的成功。

我们都钦佩他的远见和智慧。那么，他这样的远见又从何而来呢？要知道，在他决定为软件工业奋斗终生的时候，也就是1975年，软件并不像现在这样拥有广阔的市场。当时软件才刚刚起步，一切都还在序幕之后，未见任何曙光，他又是如何穿越层层浓雾创造出阳光灿烂的今天的呢？

这或许首先要归结于他对软件可能实现的功能的了解。在比尔·盖茨13岁的时候，他就展露了他的软件天赋，独立编出了第一个电脑程序，可以在电脑屏幕上玩月球软着陆的游戏；15岁时，他的电脑才能已经远近闻名了，还被一家叫信息科学公司的企业聘请去做软件技术工作，使他获得了使用昂贵的PDP-10电脑的机会。

同时，还要归功于他对生活的观察和对人类的关怀。这些因素让他的软件开发本着简单易操作且美观的方向发展，才这么快为大家带来便利，进而为他和公司带来财富。1983年，盖茨从苹果的新产品Lisa中获得启发，发现了友好图形界面对软件推广的重要性；1995年推出

Windows 95，从此把烦琐的 DOS 踢出了个人电脑，让电脑操作变得非常简单。接下来的 Windows 98、Windows XP、Windows 7、Windows 10，都在一步一步地不断满足人们对个人计算机操作的需求。

由此我们可以看出，任何一个新机会的创造都应该建立在对人类需求的关怀以及对该项目的了解上。 要想培养出成功者的智慧和眼光，突破重围创造出机会，需要注意以下几点：

（1）要开阔眼界，不要把目光局限在自己的事情上，要通过各种途径去关心这个世界，了解社会的走向以及人们的需求。

（2）要相信这个社会每天都在发生变化，人们的需求也在发生变化，不要再抱怨好时代的过去。 既然有过去，那必然有现在和未来，只要用心观察，就会发现新的机会。

（3）要注意把握机会，如果坚信有希望就去做，不要因为现在已有的机会而放弃成就大事业的机会，更不要去问别人。 因为所有的机会稍纵即逝，只有在少数人觉得有希望的时候，它才能为你带来财富。

（4）不要因为眼红他人的成功而盲目跟风。 一个项目如果有一大批人去做，除非你有强大的实力，否则你只是大海里的小鱼，不是被吞噬就是被饿死。

（5）要有永远革新的魄力。 只有不断地革新，才能创造出新的机会，为老项目注入新元素，使其改头换面，才会获得更多机会，你才能一直走在宽阔的大道上，拥有令人羡慕的财富。

爱拼未必就会赢

"爱拼才会赢"，当然没错，但是如果觉得爱拼一定赢就错了。不拼搏一定不会成功，但是拼搏了不一定就会成功，盲目的付出甚至会带来更大的失败。一个只会用蛮力拼搏的人，不可能成为一名成功者。

有些人开始的时候总是凭着一腔热血，不做思考，盲目地付出。遇到困难后，不是退缩就是硬碰硬，不用头脑去思考该怎样解决问题，而是选择用蛮力去做事。有些人你总是看见他为一件事情忙忙碌碌却不见忙碌的结果，在为别人工作中如此，在为自己的事业打拼的时候同样如此。所以当你为自己付出而没有获得回报喊冤的时候，应该认真审视一下自己是不是在用蛮力做事，而没有用头脑做事。

真正的成功者会思考、思考、再思考，当困难来临时，他们会想办法去解决，他们一定会找到最有效的解决办法。一个现代的移山者碰上愚公遇到的问题，一定不会动员全家老小用大锤和榔头夜以继日地敲敲打打几十年，而是会买来炸药，请上专业的爆破人员，几天内把山炸平。有的人只重视动手，而有的人更重视动脑。

2008 年，美特斯邦威成功上市，周成建从负债 20

万元的"负翁"变成了坐拥20亿元的真正富翁，从一个不为人知的"练摊"个体户变成了拥有著名美特斯邦威品牌的"衣王""世界裁缝"。

如果说从什么脏活累活都干却负债20万元来到温州谋生的20岁小伙子，到有了自己的小服装店，成为每天工作16个小时的小店主，再到一年收入几百万元的百万富翁，凭借的是他的吃苦耐劳、细心观察以及当时的社会机遇的话，那么能够拥有自己的服装品牌和20亿身价，则更多的是凭借他的思考与智慧。

周成建打算创立自己的品牌时，遇到了大多数创业者都头痛的资金问题。通过积极的思考，他创立了中国第一个"虚拟经营"模式，创造了深受年轻人追捧的中国休闲服装品牌。这些创造让他成为中国服装界最具开拓精神和最有经济头脑的人物之一。

他的"虚拟经营"模式最初备受争议。人们认为他在做一个"皮包公司"，然而他用成功证明了这种模式的可行性。

周成建在市场考察后发现国内企业大多都在生产西装，在休闲服饰方面根本就没有品牌的概念，而且品质和款式都不好，大家只是在比谁的价格低。而国外的休闲服装品牌刚刚进入中国市场，并且没有本土化，价格和款式都与中国的国情不符。于是他就想创立一个自己的品牌。但是几百万元的资金根本不够运作一个品牌，他初步算了一下，至少需要3亿元的资金保证。

怎么办？他不想放弃。在学习国外企业的成功经验时，他发现有的企业运用了"借力打力"的运营模式。所谓借力打力，就是集中社会上的资源为自己的公司运作出钱出力，然后实现大家共赢。

他开始在中国市场上寻求这样的机会。终于，他发现在广州、江苏等地有很多拥有一流生产线的企业，因为没有订单而陷入半停产状态。于是他就与这些企业协商，让他们生产标有美特斯邦威商标的服装。后来，有250多家企业为美特斯邦威代加工成衣，年产能力达到2000万套以上。他就用这种方法解决了需要投资几亿元才能建立的生产线。而在销售上他又通过加盟的方式，在全国各地建立了1500多家专卖店。

品牌创建后，怎样推广品牌成了周成建面临的新问题。在还没有创立品牌的时候，周成建就显示出了非凡的推广智慧。他在开小店的时候就曾经掏出800元钱在当地媒体上打了个小广告，称"我给出成本价，你随便加点钱衣服就拿走"，此举在温州引起了很大的轰动。美特斯邦威创立后，推广变得更加迫切，他选择了当时国内不多见的明星代言，而且还不惜花重金请来了郭富城，令美特斯邦威迅速在人们心中塑造了"一线"品牌的形象，之后的周杰伦代言则是为了塑造美特斯邦威的个性。周成建在品牌推广上的创新，让美特斯邦威成为年轻人追捧的对象，让美特斯邦威成了"不走寻常路"的个性宣言代表。

周成建没有和温州妙果寺服装专业市场的其他商家一样，用苦苦的价格战获得财富，而是调动智慧的力量，选择了品牌创立之路。在遇到资金问题时，他也没有不顾自身的能力，负债投资，而是仔细观察市场，认真思考，最终找到了"四两拨千斤"的省力之法。

在创造财富的道路上，总会遇到这样或那样的选择和困难。面对这些问题的时候，勇气和勤奋是必要的，但是如果只是一味地付出和拼搏，凭借一股蛮力，不是事倍功半就是功亏一篑。

周成建在激烈的市场竞争中脱颖而出，不在于他的威猛，而在于他的冷静思考和智慧，善于用脑去发现市场的空白，善于运用和调动外在的资源和力量。

人类之所以能够成为地球上最强大的生物，不是因为人类的力量比大象、老虎强大，而是因为人类的头脑比它们聪明，比它们更懂得运用智慧的力量。

竞争来临的时候，愚者横冲直撞，智者靠智慧取胜，或者绕道而行。这是实力弱小者与实力雄厚者对抗获胜的秘诀。不过，实力雄厚者面对实力弱小者，同样需要智慧。因为一艘大船与很多小船碰撞后也有可能形成一个一个的小洞，危及大船的稳固。

用蛮力做事，富人也可能变成穷人；用头脑做事，穷人也会成为富人。

在奋斗过程中，是用头脑还是用蛮力，决定了这个人能否成功。 所以在以后做任何事情的时候，我们都应该调动大脑的力量，充分发挥聪明才智，以便获得成功。 具体操作如下：

（1）为每一个问题找到最佳解决方案。 奋勇拼搏不等于莽撞，相信任何一个问题都有一个最佳的解决办法。

（2）遇事不要恐慌、暴躁，不要急于出手，而是要冷静思考，注意观察分析。

（3）当不知道怎么办的时候，就暂停脚步。

（4）平时要注意积累，任何智慧都不是一天成就的，而是在经历漫长的观察、分析、思考后，突然萌发的。 如果平时不注意积累，幻想着某天只要动脑就有方法，那么注定你遇到问题的时候，要么选择放弃，要么不得不使用蛮力。

用坚强挑战危机，用智慧化解危机

没有人喜欢危机，大家都希望自己的生活顺风顺水，但是危机不会因为人们的讨厌而不出现。 危机无处不在，无时不生，我们不能阻止它的出现，只能选择面对它的态度。

有些人面对危机时总是表现出弱者的姿态，不敢冒险，每每危机现身，不是抱怨时运不济，听天由命，就是匆忙逃避，丢盔弃甲。 非要等到危机避无可避的时候，才开始想办法求救，然而大祸已成，无力回天，多少事业，都在拖延中灰飞烟灭。

而有的人面对危机时则会积极思考，勇敢冒险，第一时间选择坚强面对，用智慧去化解危机。虽然有许多的困难，要面对一次次的磨难，但是他们都坚持下来了，在经历危机之后，浴火重生，更加茁壮。

每个人都可能因为一些决策而误入歧途，陷入困境。每个人在人生的道路上，都有可能与危机不期而遇。危机是人生的一部分，没有人能逃脱它的骚扰。

在面对随时可能出现的危机时，选择逃避或忽视，并不能改变它的真实存在，在犹豫不决、左闪右躲的时候，危机反而会变得越来越重，直到无法解决，最终导致惨痛的失败。而且一味选择逃避的人，在习惯逃避后，面对危机会表现得越来越软弱，最终一事无成。对此，给你的建议是：

（1）面对危机时应在最短的时间内，立即做出反应和决断，以求扭转局势。危机是危险也是机遇，积极地面对危机，不但能挣脱危机的困扰，还能在危机的背后发现机遇，让自己更上一层楼。

（2）除了积极地面对外，对待危机更为积极的方式则是在危机出现前，积极发掘潜伏在深层的危机，预测未来可能出现的危机，这样能够更好地在危机出现前化解危机，消灭危机，或者做足应付危机的准备，将危机带来的危害降到最低。

20世纪80年代初期，沃尔特斯以令人吃惊的方式，成了英国石油公司的掌舵人。当时，英国石油公司正面临着前所未有的危机。大多数职员虽然知道公司面临了困境，但是完全没有料到其严重性。其实早在1973年第一次石油危机时，公司就潜伏着一种不安定的因素，但是高额的石油价格让公司创造了新的利润增长纪录。这些都掩盖了危机本身，令职员们不相信他们的未来正遭受着威胁，特别是令人振奋的北海油田被挖掘，更是把公司的员工带入前途一片美好的幻觉里。

但是沃尔特斯在老旧的管理体制和盲目乐观的公司氛围中看到了严重的危机，他也勇敢地面对了这一危机。沃尔特斯上任伊始，就大刀阔斧地进行改革。旧的体制是直线式的，好比一座金字塔，总裁坐在塔顶指挥公司的运转。这种死板的管理方式已不能适应日益激烈的全球性的商业竞争。这种管理体制限制了员工能力的发挥，并让公司没有办法根据市场预测 5 年后的石油价格，甚至就连下周的计划都无法确定。这在能源需求急剧膨胀和能源资源迅速消耗把石油迅速推向市场化的背景下是非常危险的。

于是，沃尔特斯大胆突破，提出了"英国石油公司没有神圣不可侵犯的人""公司需要大家的智慧，越是困难，大家的智慧越重要"的观点，把"金字塔"式管理模式改成"太阳系"式的管理模式，把总裁定位为各个分公司心目中的"太阳"，各分公司好比"行星"，既有自己的运行轨道，又必须围绕太阳转。这样，整个公司员工的智慧全面发动起来了，以便公司更好地做出灵活多样的投资决定，对日益变化的世界市场做出迅速的反应，让公司做出最客观的市场预测和计划。

正是沃尔特斯在面对危机时的果敢出击和大胆改革，让英国石油公司化危险为机遇，使得后来数十年的业绩稳定增长。英国石油公司在沃尔特斯的领导下，事业兴旺发达，业务蒸蒸日上。

英国石油公司因为沃尔特斯积极面对危机、解决危机时完善了内部机制，从而注入了新的活力。

危机，有危险就有机遇。 古人云：祸福相倚。 危险是危机的表层，机遇就深藏在危险之后，只要勇敢去面对，积极去努力，在解决危机的道路上，就一定会找到进一步发展的机遇。 以下措施可供参考：

（1）对危机不要抱有悲观的态度，而是积极去应对，相信危机的背后就是机遇。

（2）仔细分析产生危机的根本原因，从源头去解决造成危机的因素，不断完善不足之处，从而达到一次质的飞跃。

（3）如果是大环境造成的危机，注意不要盲目跟风，而是要另辟蹊径，这样才能在危机中寻得成功的机遇。

广开门路，走向通途

有些人把来自别人的帮助当作天经地义，这样的人只会拄着别人赏赐的"拐杖"来生活，而另一些人则善于发现自己的门路，即使眼前无门、脚下无路，也能通过自己的努力开辟出一条阳光大道来。

松下幸之助原本是大阪电灯公司的一名职员。大阪电灯公司是当时大阪一家效益很好的电器公司，对于松下幸之助来说，这就是一根质量上乘的"拐杖"。然而松下幸之助并不希望自己一辈子都指望着这根"拐杖"走路，他希望能开辟出自己的一条道路。

1916 年 6 月，松下幸之助从所在的电灯公司辞职，他用自己 62 日元的银行存款以及借来的 100 日元在大阪的郊区租了一间不到 10 平方米的家庭小作坊，这个小作坊就是日后名满全球的松下电器公司的雏形。

当时这家小作坊的工作人员只有 5 个人：松下幸之助和他的妻子井植梅野，妻子的弟弟井植岁男，还有和松下幸之助一起辞职的两名同事。这些人的工作就是生产松下幸之助研制出的新型电灯插口。

丢掉了"拐杖"的松下幸之助想开辟自己的门路并没有那么容易。他们把电灯插口生产出来后，销路一点儿都不好，10 天的时间只卖出了 100 个，这样的销售数量不仅无法赢利，反而让他们赔了一大笔钱。在弹尽粮绝的时候，井植梅野只得把自己家中值钱的物件拿到当铺里，换取一点儿生存所需的本钱。

在窘迫的现实面前，松下幸之助尝到了丢掉"拐杖"后的苦头，但是他却并没有被困难吓倒。经过认真分析，松下幸之助找到了问题所在，原来他研制的这种新式电灯插口，只不过是在安装过程中降低了劳动时间和强度，和电灯用户本身并没有什么直接联系。

虽然找到了症结所在，但是松下幸之助并没有想出一个好的解决方案。为了不拖累两个老同事，松下幸之助让他们自谋生路去了，而他带领着妻子和妻弟继续在这个领域里尝试。

1917 年底，松下幸之助终于等到了一个千载难逢的机会。北川电风扇厂让松下公司为他们试制 1000 个电风扇绝缘底盘。这对松下幸之助来说，既是一个难得的机会，也是一个挑战，因为在当时，生产绝缘底盘的技术是保密的，而松下公司在这个领域又存在着一些这样那样的缺陷。

松下幸之助尝试着从中摸出一些门道，然而效果并不是很显著。无奈之下，松下幸之助只好跑到生产相关绝缘底盘的工厂附近寻找废弃物，希望能找到一丝蛛丝马迹。

皇天不负有心人，通过对废弃物的研究，松下幸之助终于彻底解决了技术方面的问题。技术问题解决后，松下幸之助等人就立即投入到了紧张的生产制作之中。为了在规定的时间内交货，他们每天都加班加点地超负荷工作。经过不懈努力，他们终于保质保量地完成了任务。这一桩买卖让松下幸之助净赚了80日元，虽然不是很多，但是足够让松下幸之助继续发展下去了。

过了一段时间，松下幸之助把家庭作坊搬到了大阪市北区，改名为"松下电气器具制造所"，开始了真正的创业生涯。

松下幸之助的事业不断扩大，引起了一些同行的嫉妒，他们想着法子打压松下幸之助。然而松下幸之助的公司在这种重重包围之下依然没有走下坡路，由于产品优势明显，销路越来越好。

松下幸之助不仅找到了自己的门道，并且一直坚持走下去，他还不断地推陈出新，让自己的产品更适合普通大众。当时日本有这样一项规定：在晚上骑自行车时一定要点灯，否则被抓住就要罚款。当时电池的造价比较高，一般人根本消费不起。针对这种现实情况，松下幸之助看到了一大商机，他决定生产一种成本低廉而又经久耐用的电池。有了这个想法后，松下幸之助立即着手进行试验，在经历了100多次失败后，历时半年之久，他终于研制出了一种可以连续使用50个小时的炮弹形自行车电池。

正当松下幸之助为自己的发明而兴奋时，却遇到了一个难题，那就是批发商们对这种新型电池不感兴趣，以至于大批存货积压，松下幸之助的公司面临着倒闭的危机。松下幸之助为了走出困境，想出了一个奇妙的销售策略，他雇了很多人，让他们向大阪市的每一家自行车行赠送三盏电池灯。尝到甜头的经销商们很快纷纷上门求货，从此松下幸之助大踏步向前迈进，很快就建立起了自己的商业帝国。

从松下幸之助的成功经验来看，他之所以能从一贫如洗到成功建立起自己的商业帝国，一个重要的因素就是他善于发现适合自己的门路，并且毅然地扔掉了别人给的"拐杖"。试想一下，如果当初松下幸之助只满足于在大阪电灯公司上班，就不可能有日后光辉的成就。

有的时候，人们往往就是缺少一种丢掉"拐杖"的勇气，总是寄希望于别人，希望别人能为自己把一切做好。要知道，天下没有免费的午餐，即使有，味道也不会好到哪儿去。

"窍门满地跑，看你找不找。"一个行业有一个行业的门道，总有一个门道是适合你的，与其拿着别人的"拐杖"在黑暗中机械地摸索，不如扔掉"拐杖"，寻找自己的门路。

"拐杖"并不是困顿者的专利，当有钱人在不能自己独立行走时，也会选择使用"拐杖"。但是他们使用"拐杖"的目的是让自己更快地学会走路，而不是把"拐杖"当作自己的终身工具。当他们学会独立行走时，无论多好的"拐杖"，他们都会弃之不用，因为他们明白，用"拐杖"走路的人是不可能拿到长跑冠军的，而人生则是一场长跑比赛，只有那些抛弃"拐杖"的人才能名列前茅。

那些认为自己丢掉"拐杖"后会无路可走的人，是因为他们找不到可以上路的门。 其实这道门就在他们的心里，只要有勇气和决心，就能够打开这道门，通往辽阔的世界。

理性面对评价，虚心接受指导

如果你仔细观察，你会发现：

越是平庸者，越是害怕别人看不起自己，也就越在乎别人对自己的看法——受到批评时就暴跳如雷，受到表扬时则满面红光。 这样的人往往死要面子，喜欢别人表扬自己，肯定自己。 换一种说法，他们希望别人肯定自己，认定自己是对的，自己不需要改变。 结果就是故步自封，永远不能与时俱进，不能适应随时出现的新情况。

而越是成功者，反而越平和，越能够坦然面对别人对自己的评价——受到批评时就虚心听取，而受到表扬时则一笑而过。 这样的人喜欢别人指导自己，希望别人指出自己的缺点，请别人指出自己的不足和错误之处，最终搞清楚自己该如何改变以适应社会。 他们总是非常谦虚，愿意学习别人的长处，改变自己以适应他人，适应环境，适应社会，结果自己便因此变得更加强大。

作为一个父亲，李云经从小就教儿子孔夫子的儒家处世哲学。到了香港后，他开始教儿子商业社会的法则，以使儿子更好地适应香港这个商业社会。那么，他的儿子李嘉诚能不能转过这个弯呢？

1939年6月，李嘉诚一家在父亲李云经的带领下，历尽千辛万苦，辗转到了香港避难。到了香港后，环境一下子发生了天翻地覆的变化。

这种突如其来的转变，对于李嘉诚来说是非常困难和痛苦的。但聪明的李嘉诚忍受住了这种痛苦，他敏锐地认识到，要想在香港生存，就必须适应这里的社会法则，而要想适应社会，就必须改变自己。

要想真正地融入香港社会，就得先过语言关。如果语言关都过不了，那么在香港生活都是问题，更不用说什么做大事立大业了。要过语言关，就要会熟练地讲广州话和英语。李嘉诚的家乡在潮州，所以他只会说潮州话，潮州话属闽南方言。香港的大众语言是广州话，广州话属粤语方言，与闽南方言互不相通。可是在香港不会说广州话几乎寸步难行，所以是一定要学的。除了广州话外，英语也是一种非常重要的沟通工具，也必须掌握。

苍天不负有心人，经过几年的刻苦学习，李嘉诚终于熟练地掌握了广州话和英语，这对他在日后的商战风云中纵横捭阖起到了非常巨大的作用。

李嘉诚之所以能从一个穷小子变成一方巨富，是因为他具有成功者的特点——爱学习，通过学习改变自己，以更好地适应新的环境。他知道自己的短处，并通过学习来弥补。

而李嘉诚的短处，正是他的父亲告诉他的——不懂广州话和英语。我们羡慕李嘉诚有一个眼光敏锐的父亲。但试想，假如李嘉诚对父亲的告诫和指导不接受，那李嘉诚是否还会成为一名成功者呢？我们身边有多少自以为是的人，当别人真诚地指出他的短处让他进步时，他却满心不悦甚至火冒三丈。由此，我们就可以找到李嘉诚身上值得我们学习的地方了。

"我经常听到这样的话：我有一个能够成功的项目，就是没有资金。请你借钱给我吧。每当这个时候，我就告诉他：'你缺的不是资本，你缺的是信用。不是说你人品怎么样，而是说你还没有建立起可以借钱给你的信用。所以筹资就比较困难。只要你建立了能够使事业成功的信用，资金不会成为问题。'"这是韩国现代汽车的创始人郑周永在他的《我的现代生涯》一书里的话，值得每一个人思考。

这就是郑周永对创业者的指导。但很多人会怀疑：身无分文，怎么能空手建立起宏伟的事业？

那些持有这种怀疑的人，鲜有创业成功的。而那些能够听取郑周永指导的人，也许就此步入成功者的行列。

可见，有时候，并不是没有人给你以正确的指导，而是你把他们的良言当成毒药。错过了这些指导，也就错过了通过学习来完善自己的机会。

也许你会问，我也很爱学习，也很爱接受别人的指导，但我为什么还是不成功呢？这就涉及到方法这个问题。

成功者喜欢学习，但他们不是盲目地学习。无论何时，他们都知道自己应该学什么，学这些东西干什么。比如实现自己目标所需要的知识、本领和技能。他们学东西，都是为自己学，都是主动地学，哪怕是学的东西当时看起来可有可无。无论所学的东西如何难以掌握，他们都把学习这件事当成乐趣，还能从中发现一些掌握知识与技能的窍门。

同时，成功者无论选择学什么，都是用心来学，能掌握所学知识与技能的精髓，并能达到学以致用，举一反三，活学活用。他们能把所学的东西变成改变自己命运的力量，变成自己真正的财富。

"80后"财富新贵——拥有1亿资产的泡泡网CEO李想，对于学习有自己独特的见解：

"学习到底是什么，我们年轻人该如何学习？我个人认为学习最重要的首先要明白为什么学习，这个比怎么学更重要。我是为了自己的事业而学习，学习专业知识，学习管理理念，学习经营经验，学习改变自己。学习的方法有很多：看书学习，参加课程学习，从身边的企业家那里学习，看媒体学习，从身边的人身上学习……"

李想是个没上过大学的人，只有高中学历。按世俗的观点，低学历代表没文化。那李想这个低学历者为何会成为一个年轻的亿万富翁呢？

这就要从李想的学习力说起。他是一个懂得学什么和如何学的人。他知道这个社会需要什么，他知道自己缺什么，他就学什么，针对性非常强。同时，他又是一个知道该学什么就全力去学的人，所以，一定能学会。他还是一个懂得掌握学习方法的人，所以他能用最短的时间学会。正如他所说：

"至于怎么学，我认为就和吃饭一样，他会和吃饭一样伴随我们一生。

"在学校学习犹如吃套餐，优点是更加系统化，是多数人的首选，缺点是菜的搭配大多数不是我们所需要的营养；自学犹如吃自助餐，优点是选择自己最需要的，是少数人的选择，缺点是往往你会偏食，比如只吃肉，还可能会营养过剩。我认为自己属于吃自助餐的，但是最好的选择既不是吃自助餐，也不是吃套餐，而是一个明白了自己为什么而学，从而有效地进行套餐和自助餐搭配的方式。"

李想的成功经验就这么简单。

所以，要想成为有钱人或成功者，就要找到自己的不足，然后通过学习找到方法来弥补它，以更好地适应环境、适应社会。 概括来说：

（1）要虚心接受别人的批评、指导，以便找到自己的缺点和不足之处，并努力改变自己。

（2）请人评价自己、指导自己，特别是要请那些能力比自己强的人来指导自己，以便搞清楚自己应该改变什么，怎样去改变。

（3）通过学习——向别人学习，特别要向比自己强的人学习，向长者学习，向上司学习，向先进者学习，向成功者学习，或者通过书本和其他途径学习，以弥补自己的不足，改变自己，提升自己，提高自己的适应能力。

（4）在学习和改变自己时要注重方法，这样才能在最短的时间内学到自己应该学到的东西。

（5）正确消化自己学到的知识，做到学以致用，从而真正地适应他人，适应环境，适应社会。

（6）不断地自我评价，或者通过别人的反映和评价，或者找人评价自己，来不断地改变自己，完善自己，提升自己。

心若在，梦就在，大不了从头再来

有些人失败后便选择放弃，这样也就谈不上吃一堑，长一智，谈不上积累教训，总结经验，这不但导致前功尽弃，而且先前的失败成了以后沉重的思想负担，让人始终走不出失败的阴影，从而一蹶不振。

而另外一些人失败后选择重来，有了先前的失败，他们知道以后该如何做才更好，他们能够在先前失败的基础上获取成功。先前的失败成了后来成功的基础，正所谓失败是成功之母。

致富的路，就像登一座山，既要选好上山的路，也要对路上艰难的跋涉做好准备，既然选择攀登，那么就难免会"摔跤"。

其实，很多成功者表面风光，而他们风光背后所摔的"跟头"，却很少有人注意。而那些"跟头"却恰恰是最宝贵的财富。

很多人都羡慕成功者的"呼风唤雨"，向往高品质的生活，可是他们却更害怕跌倒。迈出几步跌倒后就选择放弃了，再也不敢继续前行了，于是山顶的风光也就永远只能仰视了。

1933 年，美国正陷入经济危机之中，倒闭、失业、混乱，无所不在。当年罗斯福总统上台，曾经说过这样一句振聋发聩的话："我们唯一恐惧的就是恐惧本身。"这话可谓意义深刻。是啊，我们怕什么呢？其实最怕的就是"怕"的本身，不是那些困难，而是我们自己本身让自己感到恐惧。信心比黄金更重要。失败后的恐惧心理，最终阻滞了人们前行的脚步，葬送了财富的梦想。许多人其实很聪明，能说会道，人际关系也很会处理，他们本来具有创业的天分和潜质，可是他们却少了另一个重要的素质——胆量。没有胆量，失败后，他们选择在恐惧中过着贫穷的生活，没有财富，更没有地位；没有胆量，即使某天有激情去搏了一把，一旦遇到失败，他们的前行也就此终结，只能眼睁睁地看着别人登到了财富的山顶，只留下他在山下无奈、痛苦地叹息。

其实，创业失败是难免的。如果财富那么容易获得，社会上岂不遍布着富翁？之所以很难成为财富拥有者，就是因为多数人只想做容易的事，畏惧失败。说起失败，谁能比史玉柱这个当年的"中国首穷"更惨呢？现在我们来看看这个"中国最著名的失败者"是如何东山再起，如何展现出一个最终的成功者该有的魄力的！

提起巨人大厦，提起脑白金、黄金搭档这些词语，想必大家都能立刻想到一个人的名字——史玉柱。这个中国商界的传奇人物，在他屹立的"巨人"背影下，有很多不为人知的坎坷。

都说创业难，要经过一番曲折的道路，而史玉柱的人生轨迹却是更为陡峻的"V"字形。

史玉柱，1962 年出生在安徽怀远。他 1989 年刚硕士毕业就毅然选择了下海创业。他选择了深圳，当时他兜里只有东挪西借的 4000 元钱以及他耗费 9 个月心血研制的 M-6401 桌面排版印刷系统软件。

史玉柱自小就有"史大胆"的名号，他可是超出寻常的敢闯敢为。刚到深圳，只有 4000 元的他给《计算机世界》打电话，却提出要登一个 8400 元的广告。他和别人讲好的条件是先发广告后付钱。这种胆量是一般人都没有的。《计算机世界》给史玉柱的付款期限只有 15 天，可一直到广告见报后的第 12 天，史玉柱还分文未进。就在这关键时刻，第 13 天出现了转机，他的银行账户里收到了 15820 元的汇款！两个月后，他的口袋里有了 10 万元。然后他把这笔钱又一股脑地全部投进了广告。4 个月后，年纪轻轻的他就成了百万富翁。两年后，巨人公司横空出世。1992 年，巨人总部从深圳迁往珠海，开发电脑软件，并且实现利润 3500 万元。1993年，巨人推出 M－6405、中文笔记本电脑、中文手写电脑等多种产品，其中仅中文手写电脑和软件当年的销售额就达到 3.6 亿元。由于史玉柱的魄力和努力，他的人生达到了"V"字形的左端点，事业辉煌。

可是，他的噩梦也随之降临了。这还要从巨人大厦说起。1994 年，巨人大厦动土，计划 3 年完工。当时设计的方案是 38 层，但由于受冒进思想、好大喜功等各种因素影响，大厦设计一改再改，从 38 层蹿至 70 层，为当时中国第一高楼。1997 年初，巨人大厦未按期完工，国内购楼花者天天上门要求退款。巨人大厦所需资金超过 10 亿元，史玉柱基本上都是以集资和卖楼花的方式筹款的。如此巨大的债务，把"巨人"的腰都压弯了。而媒体的地毯式报道则使得巨人公司深陷财务危机。不久，只建至地面 3 层的巨人大厦停工。此时，巨人集团名存实亡，史玉柱的人生跌至了"V"字形的最低点。那时"最难忘的噩梦就是债主追债"，史玉柱还自嘲地说"我是中国首穷"。

可是"巨人"毕竟是"巨人",哪怕腰被压弯了,他还会等待时机,东山再起。

1997年冬,史玉柱召集20多名旧部召开"脑白金"构思会议。同时,史玉柱找到一位以前借过自己500万元的朋友,向他借了50万元,巨人重新有了启动资金。在著名的"江阴调查"之后,史玉柱做出了决策,他要在江阴首先启动脑白金市场。史玉柱迈出了翻越谷底的第一步。在成功的广告和营销推动下,江阴市场第一个月就赚了15万元。史玉柱拿这15万加上15万预备资金,全部投入无锡市场。第二个月收入就涨至100多万。然后是南京市、常州市、常熟市……整个江苏市场全面启动之后,每个月的利润高达500万元。一年半之后,脑白金在全国市场铺开,月销售额达到1亿元,利润达到4500万元。2000年,脑白金获得全国保健品单品销售冠军,创造了年销售10亿元的奇迹。2001年,史玉柱还清了2.5亿元的债务,"敢于承担个人责任"让史玉柱重新获得了社会的尊重。"巨人"终于重新站了起来!

史玉柱负债几个亿,"中国首负""中国首穷"的帽子既是他对自己的幽默,也带着心酸的味道,但更多的是一种回忆,是用钱也换不来的财富。失败算什么,笑一下,坚强地看着前方,路就在脚下。一个人只有内心真正强大了，才不会被打垮，才能成为真正的巨人！

"中国传统文化里有一个'成者为王，败者为寇'的观念，我觉得这很不好。在美国硅谷，风险投资人普遍有一个标准，就是看投资对象以前失败过没有。没失败过，很少有给他投钱的。"史玉柱总结说。

是啊，一个人只有敢于面对失败，他才能到达自己人生理想的目的地。

爱迪生为了发明电灯泡，阅读了大量的图书资料，光笔记就达400多页，试验过六七千种材料。电池的发明，花费了爱迪生整整10年时间，经过5万多次实验，试验过几千种物质。他在经历了9000多次的实验失败后，仍然很乐观，觉得至少知道了"有几千样东西是不能用的"，这本身就是一种收获。我们面对失败不仅要有勇气，还要敢于和"它"对视，更要达到一种乐观的境界，坚信过程就是快乐，失败是人生最精彩的一个段落。

除了要具备坚强的性格和乐观的心态，还要善于总结并拥有清醒的头脑。中国有句老话叫"失败是成功之母"，这已经是被说过无数遍的句子了，但这朴素的道理却很少有人能真正领会。很多人不是把"失败"当作"成功之母"，而是当作了吞噬自己成功的拦路虎，唯恐避之不及，畏首畏尾。其实失败不是我们的敌人，相反，恰恰是我们的朋友。人不可能被同一块石头绊倒两次，这石头不是专门要去绊倒你的，它只是去提醒你的错误，把你推到正确的道路上去。所以，当遭遇失败时，应该多想想，我为什么会失败？事出必有因。原因到底是什么？产品质量没抓好？不了解消费者的心理？计划不切实际？爱迪生知道有几千样东西是不能用的，至少你知道那样做是错的，以后再遇到那些陷阱，你能很容易就跨过去，行山川之间如履平地。一个人只有真正把失败当作朋友，当作财富，当作老师，他才能真正崛起。

有句谚语说：胡杨3000年，长着不死1000年，死后不倒1000年，倒地不烂1000年。

如果你有胡杨那样的坚强，敢于和风沙共舞，那么你一定能撑起财富的绿荫！

如果遭遇失败，请考虑以下建议：

（1）失败的教训是什么？如果教训不止一条，就把这些教训都列出来，逐条反思，考虑本应该如何做。

（2）虽然失败了，但失败前、失败中不一定没有一点成绩，没有一点经验。总结先前成功的经验，考虑如何继续运用这些经验。

（3）考虑如何走出失败，走出阴影，并不断做出尝试和努力，直到见效为止。

（4）先前的经验和新的尝试见效后，要不断重复，以收到更好的效果。

（5）修正先前的错误，继续运用先前的经验，对于未经历过的新问题，要积极、谨慎行事。只有用先前的失败不断提醒自己，才能做出更理智、更切合市场需要的决策和行动。

心急吃不到热豆腐

中国有句俗语叫"心急吃不到热豆腐"，说的是如果一味心急的话，反而做不成事。

就像拔苗助长那个故事里的农民一样，他急着让禾苗长高，居然动手把禾苗一棵一棵拔高，结果所有的禾苗都枯死了。

这些俗语和寓言，我们都耳熟能详了。可是现实中，很多人却在做着和那个农民一样的事。他们急于求成，急于获取财富，最后反而适得其反。

致富的过程，既是一个探险的旅程，又是一个积累的过程，必须抱着很大的耐心才能最终到达目的地。如果急着奔目标赶去，不顾脚下，不顾规律，该注意的没注意到，风险也都没意识到，那么难免栽跟头。

有一个姓张的先生，几十年辛辛苦苦做事，有了一些积蓄。他一直都想致富。近年，他周围有的人做生意发达了，心动之下，他决定拿出自己的积蓄闯一闯。他看到当地个体客运生意兴隆，于是就决定买一辆面包车跑客运。他让儿子学驾驶，才学了不到半个月，就为了节省开支，让儿子顶班开车，结果第一天就出了车祸。他的车将一位农妇的大腿撞断了，一下子赔进去数万元的医药费。还没赚钱，倒先赔钱了。张先生又气又急，他急着挽回损失、赚大钱，于是不顾家人反对，又添了一辆卡车跑货运。为了尽快多赚钱，他的车没日没夜地跑，有了小故障也不检修，不到一个月又出了一次车祸。他在心急中昏了头，连车辆最起码的保险费也没有交，结果是单方面承担了10万元的责任赔偿。这么瞎折腾，两年里，张先生不但没赚到钱，反而连几十年的积蓄也全都赔光了，还背了一身债。

本来打算大干一场，结果却赔得很惨，张先生为自己的心急付出了沉重的代价。由于心急，他居然让刚学车的儿子开车；由于心急，他竟然让卡车没日没夜地跑，小问题都不检修，结果酿成大问题；由于心急，他甚至把交车辆保险费都抛在了脑后。教训真可谓深刻！其实，如果他心态平和，仔细冷静地去分析，很多问题都是可以避免的。

诚然，现代社会是个高速发展的社会，经济高速运行，人的心态也难免浮躁，急功近利的大有人在。但是，你要明白这些都是危险的。有些人急于求成，一口想吃成个胖子，想一步登天，买股票，买彩票，孤注一掷，想一举成为大富翁。而有些人则将总目标划分为阶段性目标，重视一步步地累积。他们懂得"罗马不是一日建成的"，财富也不是一天就能拥有的。一个人能成为富人，就是因为他能不急不躁，能稳扎稳打。

20 世纪 80 年代，成昆法决定创业的时候，他的口袋里总共只有不到 100 块钱。他当时的想法是在自己的村里开一家小杂货店。杂货店没开多久，他找人借了一笔钱，买了炊具、餐具和桌凳，在义乌老汽车站附近开起了饭店。说是饭店，其实不过是个小摊，只有两张木桌 8 个凳子，卖的也只有米饭和两菜一汤，酒也只有一种啤酒。饭店全部投资还不到 1000 块钱，主要是为当地的打工者服务。

成昆法明白自己的顾客群基本上都是干重活的农民朋友和外地来义乌的打工者，他们要求不高，只要饭菜量足，口味适当重一点，回头率肯定会很高。于是开张这天，他就宣布：两块钱，上两菜一汤，饭放开肚子吃。说到做到，客人只要付两块钱，成昆法就给他上一盘麻辣豆腐，一盘肉丝炒芹菜，一碗麻辣榨菜汤，饭是敞开肚子吃。这样一来，饭菜经济实惠，又省时间，刚推出就受到了顾客的热烈欢迎。开张的第三天，两张饭桌就坐不下了，常常有顾客站着用餐。生意这么火爆，收入肯定不少吧，可是半月下来，他结账核算成本时，却惊讶地发现：不但没有利润，还亏了 10 块钱！这时妻子就劝说他，还是回村上经营代销店吧。但是，成昆法想，做生意赚钱是很好，但亏了也是正常的，不能一出点小问题就改去做别的，做什么事都要一步步来，问题一步步解决，最后一定能成功。

成昆法继续维持着饭店的经营，并且始终坚持为普通劳动者服务的宗旨。他开始思考怎样把生意做得更有特色。他决定在饭菜品种上加以改进：原来主要以米饭为主，他现在又增加了义乌风味小吃，如拉面、馄饨之类，品种更为丰富，而且对成本的控制也更加严格，每天进行成本核算。之后，业务不断扩大，他还雇用了助手。这一来不亏本了，利润还在逐月增加。有了利润，成昆法觉得饭店要稳步发展，饭菜的质量是重中之重。于是他决定在质量上着重下功夫。当顾客知道饭店的饭菜数量不变，质量还在提高时，来用餐的人又增多了。

10年的"马路快餐"经营，让成昆法的名气传了出去，口碑好，生意也好。这10年间，他对饭店环境的改善，也是一步步、扎扎实实地推进：先是一块编织袋料子作盖的饭铺，然后到用油毛毡做瓦的小屋，接着又建成二层四间的砖瓦房。再后来，由于顾客越来越多，他决定物色适当的地方另建一个饭店。他天天在筹划资金，等待着时机的到来。1999年，成昆法的机会来了：义乌镇重阳路有一幢四层的楼房要寻找买主。得到这个信息后，成昆法立即到拍卖所报了名，最终以25万元成交。之后，他经过近一年的努力，建成了一家集餐饮、住宿、娱乐为一体的名为"成帅"的大酒店。

成帅大酒店在重阳路开张以后，原来冷清的街道很快变得繁华起来。照相馆、理发店、歌舞厅和一些百货超市都相继营业，人气日益兴旺。成帅大酒店开张以后，根据顾客的需求来确定酒菜的档次。上千元一桌的酒席能办，两元三元的生意也做。到成帅大酒店来举行婚宴的客人们，都是高兴而来，满意而去。成昆法的原则是有生意能做尽量做，酒店大了，但平时的散客，只炒豆腐买碗米饭的，成昆法也保证让客人吃得高兴。成昆法的饭店投资不多，但稳扎稳打，注重一步步积累，最终一步步走向了成功。

由一个马路边的饭店，发展到拥有多项业务的大酒店，成昆法的创业史是艰难的，也是辉煌的。他的创业史折射出的一个道理就是——稳！他一直心态平和，一直坚信做事需要一步步来，这最终也使他走向了成功。

然而，一个人在成功之后，往往容易被胜利冲昏头脑，一向稳扎稳打的成昆法竟也犯了急于求成的毛病。为了能多赢利，未经消防部门审批，成昆法擅自对酒店内部进行改造，将酒店三楼的应急通道改成了一个棋牌室，同时安装了房门；将四楼的应急通道改成客房，并将后门改成窗户，又加装了防盗网。经改造后，三楼应急通道口处的应急照明灯被隔离。且该酒店四楼未安装应急照明灯，各楼层均未安装指示标志灯，酒店消防设施、安全生产条件严重不符合国家安全规定，就此埋下安全隐患。2006年，成昆法购置了一台电脑放在总服务台，用于住宿旅客信息登记。但该电脑长时间处于开机状态，出现不能关机的情况后，也未引起足够重视。2008年2月15日1时50分许，该电脑主机起火，引发火灾，导致居住在该酒店三、四楼房间内的11人死亡，4人受伤。成昆法被义乌市法院以重大劳动安全事故罪判处有期徒刑4年。

"一口吃不成个胖子"，心太急也做不成富翁。已经致富的成昆法由于急于求成，缺乏细致的思考，结果栽了个大跟头，辛苦创下的事业半途而废。

要想成为财富拥有者，以下建议供你参考：

（1）静下心来，认真地想一想自己要做的事，这件事可行吗？适合自己吗？不要看别人赚钱了就跟风，就急着要进去分一杯羹。

（2）要做成这件事，需要哪些步骤呢？大致地在纸上列出每一个步骤的大概计划，仔细研究分析这些步骤，确保可行性。

（3）确定计划之后，要按步骤一步步走。如果出现问题，静下心来好好研究一下问题的症结所在，而不是一出问题就急着放弃去另找别的。

（4）如果有了点成绩，想继续做大，或者想要有所改进，你需要认真分析自己的客观情况允不允许，不要赚了一点钱就飘飘然。超速地跃进，只会导致超速地后退。

（5）如果自己出现着急的情绪、浮躁的心态，那么不妨时常歇一下，放松一下，听听轻音乐，看看娱乐性的节目和书籍，转移一下注意力。

（6）要注重稳扎稳打，注重积累，一步步地实现目标，时刻提醒自己不要急于求成。

好的人品才是致富的"本金"

有的人往往只考虑自己心里需要什么，凡事离不了自己的小九九，容易忽视做事的原则，更重视经营自己的"账本"。而有的人往往先考虑对方需要什么，严格遵守做事的准则，更重视经营人品。两者相比，后者显然比前者更具备成功的可能。

所谓人品，可概括为人格和修养。不过现在人品所涵盖的范围正向多方面发展。虽然人品要比账面上的数字抽象得多，但它却能助你成功，帮你致富。

好的人品是人生的财富，是成功致富的"本金"。

所谓"小利靠辛苦，大利靠人品"。每个人都应在平时工作与为人处世中，处处坚持诚信原则，事事多为别人着想，这样在不知不觉中，身边就聚集了一批对自己充满信心的朋友。有了这些对自己高度信任的朋友，许多问题就迎刃而解了：他们可以慷慨地为你提供流动资金支持，可以毫不犹豫地把订单调度出来，可以想尽办法帮助你的生意快速进入正常运行的轨道。

中国 IT 业的风云人物——张朝阳正是通过人品融到了大笔的投资，更带动了中国互联网产业的发展。

张朝阳在美国麻省理工学院学习的时候，就与他的老师——尼葛洛庞帝交情甚好。在尼葛洛庞帝眼中，张朝阳是个为人谦恭、有想法、有魄力的年轻人。

张朝阳毕业后回到中国，提出要发展中国的互联网事业。可是他一人的努力根本难有作为，此时正是他的人品发挥了作用。他的一位朋友在国家信息部工作，这起到了为他搭桥铺路的作用。这位朋友召集了丁磊、张树新等 IT 业的领军人物，他们聚集在一起召开会议，并请求国家给予支持。同时，张朝阳的老师——尼葛洛庞帝为了支持学生，来到中国讲演。不久，国家成立了"信息产业部"，为中国互联网事业的发展铺平了道路。更重要的是，张朝阳通过其人品拿到了第一笔投资——尼葛洛庞帝投资的 22.5 万美元，以此作为创业的启动资金，日后他又融到了 215 万美元。

当时他被美国《时代周刊》评为"全球 50 位数字英雄"之一，成为中国网络经济中的第一个英雄式人物。

张朝阳在创业初期，以自己的人品与实力赢得了周围的人们以及关键人物的信任和支持，所以，他才得以顺利地实现了自己的理想。

也许有人觉得张朝阳的经历太特殊，不是普通人、普通公司能遇到的。其实不论公司大小、创业人的贵贱，只要注重对自身人品的经营与积累，成功终不会弃你而去。

　　禅悦是一家名不见经传的小公司。该公司在创立之初，就有一位国外客户曾一次性预付100多万美元，而且不需要银行信用保障。

　　类似这种深厚的信任关系，不是短时间能够建立起来的，而是经过长时间的考验后才建立起来的，这就是人品的价值和力量。

　　成功者所积累的人品不光体现在朋友之间的互助上，他们在经营商品的同时，更注重经营人品。因为他们知道，如果连人都做不好，那么什么也做不成，更不用说经商了。他们也知道舍与得的关系，只有能舍，才能得，付出和收获是手心和手背。他们用自己的尊重换取顾客的信任，用自己的信誉赢得顾客的支持。他们把自己看作鱼，把顾客看作水，因为鱼的生命与生存都离不开水。这便是成功的商人经商的第一要义。

　　成功的商人经商，经营的是人品。他们真诚地对待顾客，视顾客为上帝，顾客也更喜欢他们的商品和服务，因为顾客在他们这里往往能够体会到购物的乐趣和真诚的服务。

　　顾客对诚信的商人，是怀着感恩的心情去他们那里消费的，接受他们的服务是自己的快乐。顾客还会把这种快乐告诉自己的亲戚、朋友、同事、邻居，让他们也来分享这种快乐。成功的商人永远都会清醒地知道，自己银行账户上的数字是自己的顾客一笔一笔地写上去的，唯有顾客在的时候，账户上的数字才会不断地增加。

海尔集团的发展，大家有目共睹，它不光在国内市场遍地开花，还把业务稳定地发展到世界各地，成为外国人争相购买的品牌。它的成功离不开人品的经营。

海尔的营销不是卖产品而是"买"用户的心。海尔不断创新，不断探索信息时代的市场营销，创建了直销直发的模式。2006 年，海尔开创了整套家电营销模式。整套家电成套服务，从售前到售后都有专业的 VIP 工程师为用户提供一站式服务。对用户来说，整套服务免除了多次送货上门安装的烦琐。传统营销以产品为核心，希望将同一种产品，卖给市场上更多的顾客。而海尔的整套营销则以顾客为核心，把更多的产品或服务卖给同一个顾客。

这就是海尔飞速发展的原因。 海尔"真诚到永远"的理念深深地打动了顾客。 这也正是海尔经营人品的成功体现。

有的人经商，经营的是自己的"账本"，想的是如何自己最划算，不当一回傻子，不吃一回亏，哪怕只是蝇头小利也决不放弃。 他们碗里的水不能往外洒，他们的耙子只能往里搂。他们以赚一把是一把的心态，把商人最无价的东西——人品拿去典当和拍卖，统统套现，然后攥得死死的，生怕被人偷去。

如果一个人的人品太差，只看到蝇头小利，无时无刻不在算计自己的"账本"，那么这种人往往在生活中也会一塌糊涂，更不用提事业的成功了。

一个不讲人品的人经商，会把顾客当成傻子，认为唯有自己最聪明最懂行。他们不是经商，而是打着经商的幌子去骗钱，甚至是去抢钱。他们眼里盯着的是钱，心里时时打着个人的小算盘，浑身都散发着铜臭味。

如果商人不注重人品的经营与积累，待人不诚，谎话连篇，欺骗消费者，那他必会在日后的经营中自食恶果，更不会有朋友为他的事业发展提供帮助。

某酒店委托电视台播放广告宣传自己的"阳澄湖大闸蟹"，而实际上该酒店只有一般的肉蟹和膏蟹。广告播出后，市场反响确实很热烈，每天酒店外面车水马龙，有时顾客就餐还需要提前一天预约。经理看到这种情况，笑弯了腰，更是加大了广告的投放力度，甚至在本来成色就很一般的大闸蟹上动脑筋，以次充好。

没过多久，酒店的生意开始冷冷清清，每天都入不敷出。经理以为是人们对广告的轰炸感到了疲倦，于是又拍摄了新的广告，继续加大广告投放力度。可是经营困境还是没有扭转，依然每况愈下。

虽然许多顾客慕名而来，但是在品尝过所谓的"阳澄湖大闸蟹"后，都知道这里的大闸蟹并非是阳澄湖产的，味道也很一般，所以在口口相传中，那些慕名而来的顾客都不相信酒店的广告了。

顾客对这种奸诈的商人，也许暂时吃他的亏上他的当，也许让他赚到一些钱，但好景不会长久。这种人永远也不会明白，他的财富来自顾客持续的支持，只有如此，他才会财源滚滚来。可是，他却以为顾客是傻子，会不断地给他送钱来，而事实上自以为聪明的人往往才是真的傻子。

通过以上事例，可见经营人品的重要性。只顾埋头经营自己"账本"的人最终会走向穷途末路，而成功者始终重视经营和积累自身的人品，积累一点就等于往自己的小舟之内注入了一些动力，给自己升高了一寸帆。虽然市场竞争充满了风险，但是善于经营人品的人依然会一帆风顺，使自己的小舟变成大船，漂河过海驶入大洋，最后把自己的大船变成超级航母。

社会和生活是一本最实用的百科全书，目光短浅的人应该扔掉自己手中的"账本"，在社会和生活中注重并且用心经营自己的人品，成功最终才可能会来到。以下建议可供参考：

（1）反思自己是不是为了赢利而不择手段。如果是，应多反思自己的教训。如果教训还没有来到，也不要心存侥幸，应该在教训发生之前自觉地更正。

（2）如果自己在诚信、产品、服务质量和服务态度等方面存在问题，哪怕有过小小的教训，也要深刻反省自己，改正过失，以期赢取顾客的信任和支持。

（3）如果你已经在诚信、产品、服务质量和服务态度等方面做得不错了，还是要时常反省自己，不断地完善、提升自己，以求精益求精，不求最好，但求更好。

学会投资理财，掌控财富命运

想必许多人都会有这样的疑问：有的人为什么就那么富有？ 他们具备哪些神奇技能？ 他们为什么能够积累巨额的财富？ 答案其实很简单：投资理财的能力。

理财观念和知识的巨大差异，是造成贫富差距的主要原因之一。 罗伯特·清崎在《穷爸爸·富爸爸》中一语道破：穷人在为钱而工作，富人让钱为他们工作。 富人买入资产，穷人只有支出。

不少人觉得自己缺钱，其实，这些人最缺的是创造财富的思维和能力，最缺的是投资理财的意识和技能。

安守本分的老张夫妇都在一家国有旅行社工作，一发工资就存进银行，省吃俭用，总算攒了十几万元。可是，生日这天，亲朋们的话让老张开始怀疑自己的做法。

弟弟对他说："这年头，谁还把钱放银行啊？现在都成'负利率'了！牵头猪回家也比放在银行强！"

妹夫说："买点基金啥的，一年下来收益率至少比存在银行高。"

老张70多岁的母亲也给他出主意："我看啊，股市太虚，还是买房子踏实。买个房子，好歹也看得见摸得着，跑也跑不了！"

老张的弟媳妇附和说："妈说的是，北京的房价只能往上蹿！"前几年，她买了一套位于五道口的80多平方米的房子，后来房价飞涨，所以，老张弟媳张口闭口不离房地产投资。

老张的妹妹说："其实买股票也不错，你看，我年初买的几只股票，现在都翻了好几倍了！"

就连老张的妻子也意识到："银行存款利息太低，还要额外征收利息税，存银行就等于贬值！"

大家七嘴八舌，把老张说蒙了。

老张心想，我是想用这些钱赚钱，可我该干些什么呢？我什么也不懂啊。

由此看来，要想成为真正的有钱人，只靠努力工作是远远不够的，必须要有经营和投资的意识，并且掌握投资理财的技巧。

实际上有钱人用来赚钱的钱并非都是自己的，很大一部分靠银行贷款。而银行的钱又是从哪里来的？很多都是普通人存进去的。这样我们就清楚了，有钱人实际上是利用了无数普通人的小钱，进行自己的投资，生产自己的产品，再提供给普通人消费，把普通人的钱赚走。

一般人喜欢存钱，而有钱人喜欢贷款。一个把钱放进去，一个把钱拿出来，有钱人的资本很多是普通人给的，普通人始终在给富人输血。　这其间，银行充当了最重要的角色。　银行是干什么的？　就是做钱的生意的，生意从来只认利润，生意只能在生意人之间做。　从这个意义来说，银行永远是有钱人的朋友。

有的人很喜欢存钱，总是将储蓄当作生活的保障，存款越多，就觉得越有安全感。　这样积累下去，其实永远没有满足的一天，把有用的钱全部束之高阁，只会让自己的潜能无从发挥。　他们不懂得，利用这些钱，能够赚到比银行利息多得多的钱。

理财和投资，很多人觉得这是有钱人的事儿，很多人觉得自己没有什么钱，怎么理财投资？　而事实上，人人都该学会理财，一个人无论从事什么工作，都离不开钱，离不开对财富的管理。

事实上，许多事例都能生动地说明这个问题，诺贝尔基金会一百多年的理财经验就是一个活生生的例子。

诺贝尔奖金设立伊始，诺贝尔留下的遗产只有980万美元。到了今天，诺贝尔奖金每年发放大约650万美元，这仅仅是诺贝尔基金会每年投资收入的一部分而已。为了能够支付这笔巨大的费用，过去一百多年间，诺贝尔基金会是怎样来理财投资的呢？

诺贝尔基金会是遵照诺贝尔的遗嘱建立的，其目的是为了支付诺贝尔奖金，在管理上限制非常严格，不容许出现任何差错。其章程中明确规定了基金投资的范围：

投资必须限定于安全并且有固定收益的项目上，比如公共债券和银行存款。像诸如股票等因为风险太大，弄不好会血本无归，因此属于禁止之列，这种安全至上的投资策略的确相当稳健，但带来的后果就是，牺牲了回报率。在经过50多年奖金的发放和减去基金运作的开销之后，1953年该基金会的资产仅仅剩下300多万美元，本金损失高达三分之二。再这样继续下去，声名显赫的诺贝尔奖将难以为继。

在这种严峻时刻，诺贝尔基金会的理事们终于意识到了投资回报率对于财富积累的关键作用。1953年，基金会做出了重大调整，更改了基金管理章程，将原先只允许投资银行或者公债的理念转变为投资股票、房地产等项目的理财观念。这一观念的巨大转变，为诺贝尔基金会注入了巨大的活力。诺贝尔基金会用自身一个世纪的历程给我们上了一堂生动的财富投资课。

当然，管理诺贝尔基金会的都是专家，他们有很高的投资素质，普通人投资未必就有这样的幸运。正因为大家都在投资这条路上挤，这条路才是格外艰险的。凡是回报率高的投资，风险必然也大，投资理财是否成功，最终还是由素质决定。投资是一条捷径，也是一条险道，投资成功的许多范例都只是特例，并不适合每一个人。

有些人认为理财是有钱人、高收入家庭的专利，要先有足够的钱，才有资格谈投资理财。 事实上，影响未来财富的关键因素，是投资回报率的高低与时间的长短，而不是资金的多寡。

从理论上来讲，你想成为富人只需具备三个条件就足够了：固定的储蓄、追求高回报以及长期等待。 而实际上要达到这一点，还要看你有没有足够的耐心和高超的技巧。 理财致富是马拉松竞赛，而非百米冲刺，比的是耐力而不是爆发力。 所以应该做到：

（1）养成良好的消费习惯，以积累起一定的投资资金。 要养成良好的消费习惯，就必须节制冲动性消费，盲目购物经常会给财务带来潜在的隐患。

（2）评估家庭的财务状况，看收支状况是不是平衡，起码应该略有结余，然后，留下足够的家庭备用金，把富余的钱用于投资。

（3）制订长期的投资计划。

做自己财富人生的优秀导演

在谋取财富的大舞台上，每个人都是自己的导演，要想获得满堂彩，就要有计划地导演好每一个桥段。 在这一点上，有钱人和普通人有着明显的差别。

普通人往往是个并不出色的导演，做事总是看心情，结果可能弄得一团糟，他们心情好的时候就愿意去做并且做得也不差，一旦心情不好，做什么事情都打不起精神，就算是平常喜欢的事情也不愿意去做。而有钱人则往往是一个优秀的导演，他们做事情总是根据自己的计划有条不紊地进行，几乎从来不会因为自己心情不好而打乱自己做事的计划。

显然，做事有无计划是普通人和有钱人的分水岭。做事有计划，那么一切事情都会按照事先的计划一步一步、脉络清晰地执行，这样各个击破，终究能够实现自己的财富目标。而做事没有计划，一切全看心情来定，就会导致事情失去控制，一团混乱，这就好比没有方向的航行，永远都无法到达目的地。

美国伯利恒钢铁公司总裁查理斯·舒瓦普因公司经营不善、效益不佳而向效益专家艾维·利请教提高做事效率的方法。

艾维·利听后，胸有成竹地对查理斯·舒瓦普说："我可以在10分钟内给你一样东西，这个东西能将你们公司的业绩提高50%。"

查理斯·舒瓦普对艾维·利的话怀有疑虑，心想世界上怎么会有这么神奇的东西。这时，艾维·利递给查理斯·舒瓦普一张白纸，说道："请你在这张纸上写下你明天要做的6件最重要的事情。"

查理斯·舒瓦普照着艾维·利的要求，花了5分钟的时间写完。"现在，请你针对你所写的事情，按照它们对你和你公司的重要程度，由高到低用数字标明次序。"查理斯·舒瓦普又照着艾维·利的要求花了5分钟的时间完成了。

艾维·利继续说道："好了，把这张纸放进你的口袋，明天早上第一件事情就是把这张纸拿出来，先做第一项最重要的事情，全身心地投入进去，不要考虑其他事情。等第一件最重要的事情完成以后，你再用同样的方法做第二件、第三件事情，直到你下班为止。如果当天只做完第一件事情，那也不要紧，因为你每天总是在按计划做最重要的事情。每天都坚持这样做，当你发现它确实提高了你的做事效率并对它的价值深信不疑的时候，你再将这种方法传授给你的员工。这个试验你想持续多久就持续多久，然后寄一张支票给我，你认为我传授的这个方法值多少钱就给我多少钱。"

一个月以后，艾维·利收到查理斯·舒瓦普寄来的一封信，里面还附有一张2577美元的支票。查理斯·舒瓦普在来信里说这是他一生中最有价值的一课。

凭借艾维·利所传授的方法，5年之后，这个当年不为人知的小钢铁厂发展成为世界上最大的独立钢铁公司。

一个曾经鲜为人知的小钢铁厂，只用了短短5年的时间，就一跃成为世界上最大的独立钢铁公司。 之所以能有这样华丽的转身，很大程度上是因为这里的每个员工都依照艾维·利所传授的方法对事情的轻重缓急进行规划，并且按照这个计划严格地贯彻执行。 正因为有计划地做事，查理斯·舒瓦普才能带领员工高效完成工作，从而将钢铁公司做大做强。

其实，小到每一天的点点滴滴，大到一生的财富目标，计划都是不可缺少的。 纵观历史上的成功者，他们都对自己未来的发展有着清晰具体的计划，并且会坚定不移地按照计划执行。

其中，软件银行集团董事长兼总裁孙正义就是一个非常典型的代表。

孙正义在19岁的时候就为自己做了一个50年的人生规划，这个规划的具体内容是这样的：30岁以前，要成就一番事业，向所投身的行业证明自己的存在，光宗耀祖；40岁以前，要拥有至少1亿美元的资产，足够做一件大事情；50岁以前，要选择一个非常重要的行业，并且把重心都放在这个行业上，争取在这个行业做到最好，公司要拥有10亿美元以上的资产来进行投资，整个集团要拥有1000家以上的公司；60岁之前，完成自己的目标，公司营业额要超过100亿美元；70岁之前，把事业传给下一任接班人，自己回归家庭，安度晚年。

个人蓝图描画好后，孙正义开始逐步实现自己的计划。23岁时，孙正义又花了一年多的时间来想自己到底要做什么，他把自己所有想做的事情列成一个清单，总共有 40 多条，然后，他又逐一地对每一件事情进行详细的市场调查，并分别做出了 10 年的预想损益表、资金周转表和组织结构图（如果当时把这 40 多个项目的资料全部整合起来，足足有 10 多米高）。

随后，孙正义又列出了 25 项选择事业的标准，包括该工作是否能让自己全身心地投入一辈子，10 年内自己是否能在这行业成为第一等。按照这些标准，孙正义分别给自己的 40 多个项目打分排队，最终，计算机软件批发业务从中脱颖而出。

孙正义按照自己的计划如火如荼地进行着自己的事业，他的名字也早已入驻福布斯财富榜。

从一个小老板的儿子到腰缠万贯的大富豪，这个在常人眼里一辈子都很难实现的飞跃，孙正义却只用了短短的十几年的时间。之所以能有这么大的成就，完全得益于他做事有计划。

试想，如果孙正义做事没有计划，不分清轻重缓急，只是随着性子看心情做事，那么他还会在短短的时间内实现自己的财富目标吗？

相信不用回答大家也心知肚明。由此可见，在追求财富的道路上，做事有计划是非常重要的，它是每个想成功的人所应必备的素质。也只有那些做事有计划、有条理的人，才能优雅从容地摘取到财富之树上的硕果。而那些做事只看心情，没有计划的人往往只能与财富擦肩而过。

那么，亲爱的朋友，你做好成为有钱人的计划了吗?

做事有计划能够帮助人们消除各种不良情绪的困扰，一旦心中有了计划，就算遇到一些突发事件也能安之若素，泰然处之，不会因此而方寸大乱，坏了心情。 穷人之所以看心情做事，就是因为心中没有计划，一遇到一些突发事件就产生烦躁、悲伤等不良情绪，随之影响到做事的效率。 如果想要脱贫致富，就要摆脱情绪的控制，养成做事有计划的习惯。

第二章
财商，决定财富的关键

何谓财商

在哈佛课堂上，老教授提出这样一个简单而深刻的问题："到底什么算是财商？"我们经常会提一个人的智商和情商对人如何重要，市场上关于智商和情商的书籍也已经数不胜数，而现在人们逐渐意识到财商也十分重要。财商的英文是 Financial Quotient，是指人在财务方面的智商和能力。这只是狭义的解释，实际上，它现在的含义已经从"一个人在财务方面的智力"扩展到"一个人对所有财富（泛指一切资产，例如固定资产、流动资金、品牌、人脉、时间、人自身的一切财富等）的认知、获取、运用等各种能力"。

所谓财商，并不是一种单纯的经济学术语或是非常专业的词汇。具体来讲，财商是一个人对于商机的敏感以及对于商业的理解能力。这种能力并非是经济学课堂上习得的死板的理论知识，而是一种从生活实践中得出的能力。它被越来越多的人认为是实现成功的秘诀。理论上，它包含两个方面：一是正确认识财商以及认识财商规律的能力（所谓的"价值观"），二是正确运用财富及财富倍增规律的能力。

犹太民族是世界上财商教育较为成功的民族。犹太人通常把孩子培养得很成功，他们可能从未意识到自己在教什么，但是这些教育概括起来很大一部分都是关于如何培养财商的知识。 其中有一项是培养孩子延后享受的理念。 所谓延后享受，就是指延长满足自身愿望的时间，以追求自己未来更大的回报，这几乎是犹太人教育的核心，也是犹太人做生意成功最大的秘密所在。 犹太人是如何教育孩子的呢？ "假如你喜欢玩乐，就需要去赚取供你玩乐的自由时间，这就依靠你拥有良好的教育背景和学业成绩。 然后你可以拥有一份薪金很高的工作，等赚到钱以后，你可以玩更长的时间，买更昂贵的玩具，使用更多高科技的游戏器械。 但是如果你搞错了顺序，整个系统就不能正常运作，你玩乐的时间就会自然而然地缩短，你就需要更多时间思考如何生存下去，最后连生存都成了问题，你就只剩下更少的时间玩乐，买不起玩具，玩不出花样，最后的结果是你没闲钱去买昂贵的玩具，随后你就要为金钱忙碌一辈子，没有玩具，没有快乐。"这便是延后享受最明显的例子。

延后享受理念是财商的一个方面。 在犹太人的理财教育思维里面已经融入了现代社会的价值观与人生观，人的一生需要认真计划，个人的崇高追求，个人所能拥有的资金，都需要理性规划，其最高目标是幸福的一生，而幸福的生活通常与财富紧密相关。 简单来说，也就是看你掌钱、赚钱的能力以及所掌握的财富知识。

掌钱能力，就是你能否把钱管理好。

赚钱能力，不言而喻，就是指你能否赚得更多的金钱。 大多数人有能力养活自己，养活家人。 少部分人可以生活得更有品质，更享受一些。 无法养活自己的人鲜有人在。 我们都希望自己是富人中的一员，可以赚更多的钱财，而这靠的也是你的财商。 有的人智商很高，记忆力、理解力都很惊人，却只能在普通的岗位上做平凡的事。 他们虽然有能力挣钱，能够立足于社会，也有能力照顾好自己和家人，但却没办法给自己和家人提供富足的生活。 有的人没有很高的学历，看不懂复杂的计算公式，但他们却依旧有赚大钱的能力，让那些有高学识的人都为其打工。 这就是财商的价值。

除了上述两个重要因素之外，还需要拥有财富知识。 简单来说，就是一些理财的智慧。 比如如何投资，如何理财，如何做预算。 有些人其实挣得并不少，但总认为很少，大多是因为他们不懂得财富的相关知识。 比如，年收入 4 万元，消费了 3 万元，投资了 6000 元的人和一个年收入有 10 万元但是全部挥霍一空的人比较，前者的财商明显高于后者。 尽管后者赚的钱是前者的两倍多，但是却丝毫没有剩余。 要想生活得更好，每个人都要学会一些财富知识，懂一些投资技巧，做一些预算，让钱为你挣更多的钱。

一个人如果可以具备以上这些能力，就算是一个再普通的家庭主妇也可以成为商界女强人。

玛丽是生活在纽约唐人街的华裔，虽然从小在美国长大，但是受中国母亲影响，她从小就对中国菜十分热爱，烧得一手好菜。不过她的厨艺也只在家中展露，更多时候她只是一个家庭妇女，在家照顾几个孩子和老人，仅靠丈夫在一家工厂做工所得的微薄收入维持生计。

玛丽决定亲自动手，改善家里并不宽裕的经济条件。她知道自己擅长烹调中国菜肴，但又不知是否可行，于是就叫丈夫邀请了一些朋友到家中做客，尝尝自己的手艺如何。大家果然都赞不绝口，纷纷激励她开个中餐馆。

玛丽听了朋友的鼓励，心里十分高兴。但她觉得要是马上准备开餐馆，从自己的技术方面考虑，条件是具备了，但要租店面，增添必备设施，其资金问题就难以解决。她一想到开餐馆的这两个条件只具备其中一个技术因素，便认为开店的时机还未到。这时，她看到朋友们把酒言欢，便想去厨房做一些甜点给朋友助兴。

当玛丽把甜点端上桌后，大家又是一扫而光。于是又有朋友鼓励她说，你开家食品店，就卖这种甜点，保证能赚大钱。玛丽说："我正打算开个食品店卖甜点，就在家里制作，只要早晨在门口租个摊位，摆摊卖就行了。"

这样，玛丽便开始了自己的甜点买卖。她给自己规定，每次只做 10 斤面粉。由于她做出的甜点色香味俱全，又采取薄利多销的策略，一摆出去便被一抢而光，很快就卖完了。靠这种方法，仅一个多月的时间，玛丽所赚的钱就比在工厂做工的丈夫多出 4 倍。玛丽觉得，卖这种甜点虽然赚钱，但一点儿也不规范，若是作为一种商品向市场销售，则没有品牌效应，这会十分困难。

于是，她开始琢磨创办自己的品牌，开自己的中餐馆，并最终走上了致富的道路。

如果一个人拥有较高财商，即便是没有较高的文化水平也依然可以致富；相反，即便你是从名牌大学毕业的高材生，也有可能因为你财商不高而默默无闻，没有出头之日。也许通过上面这个例子你已经明白财商究竟是什么，财商在人的生活之中又有多么关键的作用。

高财商者做事业

普通人和有钱人的最大区别就在于两者的心态有着很大的不同。普通人对待任何事情都抱着做事情的态度，只求完成，不顾其他；而高财商的人呢，无论做什么工作、在什么岗位，都会以做事业的态度认真对待。事情和事业，虽只有一字之差，但却决定了你的人生态度，甚至决定了你的财富。

如果有人出资让你去开一个杂货店，你会怎么做？

从做事情的角度考虑，开杂货店并不是很辛苦，除了进货，大部分时间都是坐着，可以看电视，可以玩电脑，甚至可以约朋友打牌，不可谓不轻松。钱呢？也有得赚，进价6角的，卖价1元，七零八碎地一个月下来，吃饱饭肯定没有问题，甚至还会有些剩余。

　　但换一个角度想，开了杂货店，你就开不成餐厅、酒楼、衣帽店、鞋店、书店、时装店……总之，做一件事的代价是丧失了做其他事的自由与时间或机会。 人生几十年，如果不想在一个 10 平方米的杂货店内耗掉，你就必须认真思考做什么更有前途。 从事业的角度，你要考虑的就不是工作有多么轻松、每月薪金多少的问题，而是它未来发展的潜力和空间到底有多大。

　　杂货店不是不可以开，而是看以怎样的心态去经营和管理它。 如果把它当作一件事情来做，它就只是一件随意的小事情，做完就可以挥手不干。 如果是当成一番事业，你就会设计它的未来，把每天的每一步都当作一个系统中的一个程序，每一步都不可或缺。

　　作为事业的杂货店，它的外延是在不断扩展的，这时，杂货铺的性质早已不是简简单单地卖卖东西。 如果别的店只有两种酱油，而你的店却有十几种，你不但买二赠一，还送货上门，免费帮忙判定，传授知识，让人了解什么是化学酱油，什么是酿造酱油，你就为你的杂货店拓展了一项外延特色服务。你的口碑越来越好，渐渐就会有人舍近求远，跨越整个胡同，甚至是整个楼区来你这里买酱油。 当你终于舍得拿出钱去注册商标，你的店就有了品牌，拥有了品牌效应，为此你可以赚更多的钱。 如果你的规模扩大，你想到增加店面，或者用连锁的方式，或者采取特许加盟，你的店又有了新的理念，为下次飞跃打好基础。

这就是事情和事业的区别，也是成为普通人或是有钱人的最根本差别。

记得一位著名作家说过这样一段话：如果一个人能够把本职工作当成事业来做，那么他就成功了一半。然而，不幸的是，如今的大多数人都把工作当作事情。在他们眼里，找工作、谋职业只是为了赚点钱养家糊口、混日子罢了。

1974年，麦当劳的创始人雷·克罗克，受邀前去奥斯汀为得克萨斯州立大学的工商管理硕士班做讲演。在一场慷慨激昂、动人心魄的讲演之后，学生们问克罗克是否愿意去他们常去的地方一起喝杯啤酒，克罗克很高兴地答应了，并欣然前往。

当这群人都拿到啤酒之后，克罗克问："谁能回答我，我的职业究竟是什么？"当时每个人都笑了，几乎所有的MBA学生都认为克罗克是在开玩笑。见始终没人应答他的问题，于是克罗克又问："你们认为凭我的能力，我可以干些什么呢？"学生们又一次笑了，最后一个大胆的学生叫道："克罗克，众所周知，你是做汉堡包生意的。"

克罗克哈哈地笑了："我早就想到了你们会这样说。"他停止笑声接着说，"女士们、先生们，其实我不做汉堡包事业，我其实是一个彻头彻尾的房地产商。"

接着克罗克花了很长时间来说明他为什么是一个房地产商，而不只是卖汉堡的。克罗克的远期商业计划中，基本业务将是出售麦当劳的各个分店给各个合伙人，他十分看重每个分店的位置，因为他知道房产和位置是每个分店是否能获得成功的最重要因素，而同时，当克罗克实施他的计划时，那些买下分店的人也必须从麦当劳集团买下分店的地权。

麦当劳后来成为了最大的房地产商，拥有美国以及世界其他地方的较值钱地段的所有权。

克罗克的成功之处在于他创立了自己的事业，而不仅仅是卖几个汉堡包赚钱。克罗克对职业和事业有着清晰的划分，他的职业总是不变的：是个商人。他卖过牛奶搅拌器，干过苦力活，随后又转为卖汉堡包，而他的事业则是积累能产生收入的地产。

艾普森高中毕业后追随堂哥到纽约寻找工作机会。

他和堂哥在码头的一个货仓给人家缝缝补补维持生计。艾普森很能干，做的活儿也精细，当他看到别人丢弃的线头碎布就会特意拾起来收好，留做备用，好像这个公司他才是运营者一样。

一天夜里，狂风暴雨，电闪雷鸣，艾普森迅速地从床上爬起来，拿起手电筒就冲到大雨中。堂哥见怎么也叫不住他，骂他是个傻瓜。

在露天货仓里，艾普森察看了一个又一个货物架，加固被狂风吹起的篷布。这时候老板正好开车过来，只见艾普森早已浑身湿透，样子十分狼狈。

当老板看到货物没有受到丝毫损失时，当场表示给他增加薪水。艾普森说："不用了，我只是看看我缝补的篷布结不结实。再说，我就住在货仓旁，顺便看看货物只不过是再简单不过的事了。"

老板见他如此诚恳，又吃苦耐劳，有责任心，就让他到自己的另一个公司当经理。

公司刚开张，需要招聘几个文化程度高的应届毕业生当实习业务员。艾普森的堂哥跑来说："兄弟，给我留个好位置干干。"艾普森深知堂哥的个性，就说："这个工作不适合你。"堂哥说："我难道连当保安也不行吗？"艾普森说："不行，因为你不会把活当成生命来对待。"堂哥说："你真当自己是公司的老板啊！"临走时，堂哥说艾普森没良心，不料艾普森却说："只有把公司当成是自己开的，才能把每一件事情办好，才是对公司最好的回报。"

几年后，艾普森成了一家跨国公司的执行董事，他的堂哥却还在码头替人缝补篷布。这就是把事情当作事业和把事业当作事情的区别。

英特尔总裁安迪·格鲁夫在对加州大学伯克利分校的毕业生进行演讲时，曾提出这样一个建议：

"不管你在哪里工作，都要把公司当作是自己开的一样，认真对待每件事。 你的职业生涯除你自己之外，没有别人可以再帮助你，你全要靠自己。"

从某种意义上来说，为钱而工作的人只是在做事情，而做事业的人却让钱为自己工作。

美国百万富翁罗·道密尔，是一个在美国工艺品和玩具业富有传奇经历和精彩人生的人物。道密尔初到美国时，他身上仅装着10美元和一袋面包。他住在纽约的犹太人居住区，生活拮据。然而，他对生活、对未来充满了信心。一年的时间，他先后更换了二十几份工作。他认为，那些工作除了能果腹外，没有什么技巧可言，丝毫学不到什么新东西。在那段动荡不安的岁月里，他经常忍饥挨饿，但始终毅然地放弃了那些他认为不适合的工作。

一次，道密尔到一家生产日用品的工厂应聘。刚巧该厂空缺的职位只有搬运工，而搬运工的工资是最低的。老板对道密尔没抱希望，可道密尔却一口答应了老板。

之后，每天他都会提早一些去上班，当老板开门时，道密尔已站在门外等待。他帮老板开门，并帮其处理一些日常的琐碎工作。晚上，他一直工作到工厂关门时才离开。他总是默默无闻，埋头苦干，除了本身应做的工作以外，凡是他看到的需要做的工作，总是顺手把它做好，就像工厂是他自己开的一样。

这样，道密尔靠勤劳工作、相较于他人更多的努力和巨大的责任心，赢得了老板的绝对信任。最后，老板甚至决定将这份生意全交给道密尔打理。道密尔的周薪由40美元一下子加到了200美元，几乎是原来工资的5倍。可是这样的高薪并没有把道密尔留住，因为他知道这不是他的最终理想，他不想为赚钱忙碌一生。

半年后，他递交了辞呈，老板十分惊讶于他的决定并出言挽留。但道密尔有他自己的想法，他按着自己的计划矢志不渝地向着最终目标前进。为此，他从最底层的推销人员做起，他想借此多了解一下美国，想借推销所遇到的各种各样的顾客，来仔细琢磨顾客的心理变化，磨炼自己做生意的技巧。

两年后，道密尔靠自己的力量建起了一个庞大的行销网络。在他即将进入收获期，每月将会有2800美元以上的收入，并跃居当地收入最高的推销员时，他又出人意料地将这些辛辛苦苦开创的事业卖掉，去收购了一个运营机制出现问题的工艺品制造厂。

之后，凭着以前在工作中积累的经验和日常生活中的知识，道密尔领导公司改进了每一道程序，调整了很多系统运营环节，对人员结构、过去的定价方式都做了相应的调整。一年后，工厂奇迹般地重新走上了正轨并获得惊人的利润。5年后，道密尔成了工艺品行业的领军人物。

如果是一个纯粹为做事而工作的人，他绝不会抛弃当时薪金已经很高的推销工作，正是一颗想要做事业的心，成就了这样一个工艺品行业的领军人。

一位著名的企业家说过这样一段话："我的员工中最让人惋惜的一类人，就是那些只想拿薪水混日子，别的什么也不去想的人。"

同一件事，对于工作等于事业者来说，意味着执着追求，勇往直前，力图做到最好。而对于工作仅仅是工作者而言，则意味着是迫不得已的无奈之举并且十分不情愿去完成。

当今社会，不缺少那些大展拳脚干大事的人，而能把普通工作当事业来干的人却是凤毛麟角。因为干事业的人需要有非常高的思想觉悟与道德修养、高度的敬业精神和强烈的工作责任心。

改造自己，修炼自己，坚守痛苦才能凤凰涅槃。这应当是我们这辈子工作与生活中坚守的信条。丢掉了这个信条，也就丢掉了灵魂；坚守了这个信条，就会觉得一切都是美丽的，一切都是那么自然。只要坚守这个信条，对工作就自然会投入，投入就会使人认真。同样，工作起来就会有激情，这份激情会带给你想要拥有的一切。

一位哲学家曾经说过："今天的成就是昨天的积累，明天的成功则有赖于今天的努力。"把工作和自己的职业生涯联系起来，对未来的事业持有巨大的责任心，你就能忍受工作中的压力和单调，觉得自己所从事的是一份有乐趣、有意义、有价值的工作，并且从中可以感受到使命感、愉悦感。

做事情也许只是解决燃眉之急的一种短期行为，但做事业却是我们毕生的追求。

财商——决定贫富的关键

在竞争激烈的社会中，财商已经成为一个人取得成功的必备能力，财商的高低在很大程度上决定了一个人是否富有。一个拥有高财商的人，即便他现在是贫穷的，那也一定是暂时的，他以后也一定会成为富人；相反，一个低财商的人，即使他现在很有钱，他的钱也终究会花完，他也必将沦落为贫穷的人。

如果说智商是衡量一个人考虑事物的能力，情商是衡量一个人控制情感的能力，那么财商就是衡量一个人对金钱的掌握能力。财商高的人，他们自己并不需要付出多大的努力，钱就会为他们再生钱。

美国理财专家罗伯特·T·清崎教授认为："财商并不是指你挣了多少钱，而是你有多少钱，钱为你工作的时效程度，以及你的钱持续维持时间的长度。"他认为，要想在财务上变得更安全，人们除了具备当雇员和自由职业者的能力之外，还应该学会如何成为一个成功的企业投资人。

财商与每个月的工资多少没有太大关系，财商是测算你能留住多少钱，以及让这些钱为你工作多久的指标。财商的高低与智力水平其实没有什么太大的关联。富翁们都是靠财商来创造财富的。

越南战争期间，好莱坞举行过一次募捐晚会。因为美国人民反战情绪太过强烈，募捐晚会以1美元的收获收场，创下美国募捐史上最低的吉尼斯纪录。不过，晚会上，一个叫卡塞尔的小伙子却一举成名。他是苏富比拍卖行的拍卖师，那唯一的1美元就是因他的聪慧募得。

当时，卡塞尔让大家在晚会上票选当场最美丽的女士，然后由他来拍卖这位女士的一个亲吻，由此，他募得了本场晚会唯一的收入。当好莱坞把这1美元寄往越南前线时，这条新闻争相登上了各大报刊的头条。

由此，德国的一家公司从报纸上发现了这位人才。他们认为，卡塞尔是棵摇钱树，谁能运用他的头脑，必将财源广进，更可以使公司蒸蒸日上。于是，猎头公司建议日渐衰微的奥格斯堡啤酒厂重金聘卡塞尔为酒厂顾问。1972年，卡塞尔前往德国，效力于奥格斯堡啤酒厂。卡塞尔果然不负众望，奇思妙想地开发了啤酒美容和啤酒沐浴项目，从而使奥格斯堡啤酒厂一夜之间成为全世界销量最大的啤酒厂。1990年，卡塞尔以德国政府顾问的身份进行拆除柏林墙的工作，这一次，他使柏林墙上被拆下的每一块砖以收藏品的形式进入了200多万个家庭和公司，创造了城墙砖售价的世界之最。

1998年，卡塞尔返回美国。他刚一下飞机就目睹了一出拳击喜剧，泰森咬掉了霍利菲尔德的半块耳朵。几乎出乎所有人的预料，仅拳击比赛的第二天，欧洲和美国的许多超市就出现了"霍氏耳朵"巧克力，这种特殊的巧克力正是由卡塞尔的公司生产的。卡塞尔虽因霍利菲尔德的起诉赔掉了盈利额的80%，但是他敏锐的商业洞察力却给他带来了年薪1000万美元的身价。

2000年，卡塞尔受休斯敦大学校长的邀请，回母校作创业演讲。演讲会上，一位大学生提出了一个刁钻的问题："卡塞尔先生，你能在我单腿站立的时间里，把你创业的精髓告诉我吗？"那位学生刚要抬起他的一只脚，卡塞尔立刻就答复道："生意场上，无论做什么买卖，出卖的其实都是我们的智慧。"

这里，卡塞尔口中的智慧指的就是财商。

许多亿万富翁的财富天赋在很小的时候就展现了出来，比如石油大王洛克菲勒。

约翰·戴维森·洛克菲勒在一个叫摩拉维亚的小镇上度过了童年时光。每当黑夜降临，洛克菲勒常常和父亲点起蜡烛，促膝而坐，一边喝着香醇的咖啡，一边天南地北地聊天，话题总是围绕如何做生意挣钱而展开。洛克菲勒从小脑子里就装满了父亲传授给他的生意经。

7岁那年，一个偶然的机会，洛克菲勒在森林中和朋友捉迷藏时，发现了一个火鸡窝。于是他眼珠一转，计上心来。他想：大家圣诞都喜欢吃烤火鸡肉，如果把小火鸡养大后卖出去，一定能赚到不少钱。此后，洛克菲勒每天定时来到森林中，耐心地等到火鸡孵出小火鸡后暂时离开窝巢的空当，把小火鸡飞快地抱走，把它们豢养在自己的房间里，细心照顾。到了圣诞节，小火鸡已经长成大火鸡了，他便把它们出售给附近的农庄。于是，洛克菲勒的存钱罐里，镍币和银币逐渐减少，慢慢变成了一张张美元大钞。不仅如此，洛克菲勒还想出一个让钱滚钱、挣更多钱的妙计。他把这些钱借贷给耕作的佃农们，等他们收获之后就可以连本带利地收回。一个年仅7岁、还没有上过小学的孩子能靠卖火鸡挣钱，不能不令人惊叹！

在摩拉维亚住稳之后，父亲雇用长工翻耕自家庄园里的地，他则改行去做木材生意。人们为他的父亲取了个外号"大比尔"。大比尔工作勤奋，常常受到赞扬，另外，他还热心社会公益事业，例如为贫困学生募捐等，甚至还参加了禁酒运动，一度戒掉了他特别喜爱的杯中之物。

大比尔在做木材生意的同时，时常向洛克菲勒传授自己的经验。洛克菲勒后来回忆道："首先，父亲派我到很远的木材市场去购买新材在家使用，由此，我知道了什么是上好的硬山毛榉和槭木；我父亲告诫我要选择坚硬且笔直的木材，不要任何大树或朽木，这对于我来说无疑是一个很好的锻炼。"

年幼的洛克菲勒如同刚出鞘的宝剑，在经商方面锋芒毕露。大比尔在一次谈话中问他的儿子：

"在存钱罐里存了不少钱吧?"

"我借贷给附近的灾民 50 美元。"儿子满脸得意。

"50 美元? 那么多?"父亲表示十分惊讶。因为那个时代，50 美元不算是个小数目。

"利息是 7.5%，明年我就可以收到 3.75 美元的利息。另外，我在你的马铃薯地里帮你干活，每小时的工资是 0.37 美元，明天我把记账本交给你看。这样出卖劳动力很不划算。"洛克菲勒滔滔不绝，自信满满地说着，毫不理会父亲的满脸惊讶。

父亲望着小小年纪就已经懂得赚钱的儿子，喜爱之情溢于言表，因为他知道儿子的财商绝对不在自己之下，将来肯定能成就一番事业。

看过上面的这个小故事，我们可以知道，财商具有以下两种作用：

第一，财商可以为一个人带来巨大的财富。 了解财商知识，锻炼自己的财商思维，掌控运用财商的方法，就是为了使自己在创造财富的过程中，能够不走弯路。 一旦拥有了富有财商的头脑，想不富都难。

第二，财商帮助我们实现梦想。 财商理念就犹如开启财富之门的金钥匙，用财商为自己创富，就可以实现自己的理想。

总之，财商可以带来财富，也可以实现自己的梦想。 拥有财商，也就意味着拥有了幸福的一生。

财商高的人利用别人的钱赚钱

财商高的人认为利用别人的钱赚钱，是获得巨额财富的好方法。富兰克林、尼克松、希尔顿都选择利用别人的钱赚钱。

威廉·尼克松说："百万富翁几乎都是负债累累。"

富兰克林在 1748 年《给年轻企业家的遗言》中说："钱是多产的，自然永不磨灭。钱生钱，利滚利。"

所谓"用别人的钱"是指正当、诚实的，以不违法和违反道德为前提的赚钱方法。同时，对诚信进行回报是无可替代的，缺乏诚信的人，即使花言巧语，也终会被看穿。使用别人的钱，诚信是重中之重，诚信奠定所有事业成功的基础。

借钱是周转资金的方法。但是，借钱必须量力而为，提出切合实际的要求，才不会被拒绝，这是真正的利用别人的钱赚钱。

看着别人赚钱容易，而亲自体验却不一定成功，这是许多创业者都存在的畏惧心理。但是成功创业的第一步就是克服它，找到一条风险与成功成反比的路径。

显然，借钱生财术，赚钱效率高于现金。"利用别人的钱"就像别的任何事一样都有缺点——你要承担更高的风险。如果你刚把地买下来，附近房地产的价格就跌下来，这种办法会让你负债累累，左右为难。 这时，你不是忍痛割爱，就是无奈负债，一直到有所起色。

财商高者能让钱生钱

财商低的人认为钱难挣，将钱当作神灵一样供奉，生怕有一天会变得没钱。 "准备养老钱"，是他们的一贯思想。 在财商高的人看来，理财之道就是"有钱不置半年闲"，与其把钱存入银行，赚那么一点点利息，养成一种依赖性而失去了冒险奋斗的精神，不如让这些钱流动起来，将其拿出来投资从而获得更多利益。

财商高的人认为：利用流动的资金收获财富，用钱赚钱，就得学会让死钱变活钱。 千万不可不充分利用金钱，只是将钱当作收藏，而要让钱流动起来，就要学会用积蓄去投资。

富商凯尔有丰厚的资产，然而他几乎不把钱存进银行，而是将大部分现金放在自己的保险库。

一次，一位日本商人请教他这个令人不解的问题。

"凯尔先生，就我而言，储蓄就是我生活的保障。你很富有，却不把钱存进银行，为什么呢？"

"倘若认为储蓄等价于生活的安全保障，储蓄的钱越多，在内心得到的安慰则越高，长此以往，欲求无止境。这样，岂不是把有用的钱全部束之高阁，自己失去许多赚钱机会，并且也无处施展自己的经商才能吗？你再想想，哪有省吃俭用一辈子，利用利息而致富的？"凯尔不慌不忙地答道。

日本商人心有不甘，便反问道："你的意思是反对储蓄了？"

"并不完全反对，"凯尔解释道，"我反对的是，只去储蓄而忘记等钱储蓄到一定时候让它流动起来，再活用这些钱，使它更有价值，从而得到更多的钱。我还反对银行里的钱越存越多时，利用利息改善生活，这就养成了依赖性而失去了商人的商业头脑。"

凯尔说得很在理，金钱只有被灵活地运用起来，才能发挥它的作用。因为，躺在银行里的钱并没价值。

财商高的人经商，不将所有的钱作为储蓄。在 18 世纪中叶之前，他们热衷于放贷业务，就是让自己的钱流动起来，从中获得更多收益。到了 19 世纪后乃至今天，他们宁愿把自己的钱用于高回报率的投资或买卖，同样不愿意把钱存入银行。

高财商之人的这种"不作存款"的秘诀，是一门资金管理科学。它表明做生意要让资金合理滚动，同时要加快资金周转速度，避免不必要的损失，使商品单位利润和总利润都得到增加。

普利策出生于匈牙利，17 岁时到美国谋生。他最初在美国当兵，退伍后开始走向创业之路。经过深思熟虑，他决定从报业着手。

为了搞到资本，他利用自己的钱赚钱。为了从实践中获得经验教训，他到圣路易斯的报业企业，向该老板求一份记者工作。他开始时并不出色，老板拒绝了他的请求。但普利策经过不懈的努力，言谈中使老板发觉他天赋很高，勉强答应留下他当记者，但有个条件，一年试用。

普利策为达到自己的目的，忍受老板的剥削，并全心全意为报社工作。他勤于采访，认真学习和了解报馆的各环节工作，晚间增加自己知识储备。他写的文章和报道优势明显，知识丰富，吸引了广大读者。面对普利策创造的巨大利润，老板欣然接受了他，第二年让他做编辑工作。普利策也开始有点积蓄。

通过几年的努力，普利策熟知了报社的经营模式。于是他用自己这几年的存款买下一间濒临歇业的报馆，开始自主创业，创立报纸——《圣路易斯邮报快讯报》。

普利策自办报纸后，资金匮乏，但他很快就渡过了难关。19世纪末，美国经济复苏，很多企业利用广告增加竞争力。普利策盯着这个焦点，把报纸定位为以传递经济信息为主的媒体，加强广告部建设，承接多种多样的广告。就这样，他利用这一机会，花别人的钱使自己有资金正常出版发行报纸。他的报纸发行量随着广告增长而增长，他的收入进入良性循环。即使报纸成立之初，他每年的利润也超过 15 万美元。没过几年，他就跃升为美国报业巨头。

普利策从一个试用工干起，然后节衣缩食省下极有限的钱，一刻不置闲地利滚利，使金钱发挥更大作用，是一位白手起家成功的典型。这就是财商高的人"不作存款"和"有钱不置半年闲"的体现，是成功经商的秘诀。

美国著名的通用汽车制造公司的高级专家赫特曾说过这样一段富有深刻哲理的话："在私人公司里，不以利润为追求目标，重要的是活用手中资金。"

就此言论，许多善于理财的小公司老板都只是理解却并不实践。往往一到公司略有盈余的关键时刻，他们就缩手缩脚，不敢再像创业之初那样大胆，总怕到手的钱因投资而有所损失，赶快存到银行，以备不时之需。虽然确保资金的安全乃是人们心中合理的想法，但是在当今优胜劣汰的经济形势下，钱应该被用来赚钱，使钱变成"活"钱，才能为自己赚得更多的钱。完全可以用这些钱来投资，以增加自己的固定资产，到 10 年以后回首过去，会感觉到比存银行收获更丰，你才会明白"活"钱的威力。

商业是不断增值的过程，所以要让钱滚动起来，财商高的人的经营原则是：没有钱就借别人的钱花，等你有了钱就可以还了，不利用别人的钱流动是永远不会致富的。攒钱只会让人加剧贫穷，因为这种人在思想上就贫穷了；赚钱是使人富有的方法，因为这是一个财商高的人的思维。

俗话说："花钱如流水。"金钱确实流动如水。它源源不断、周转流通，财富也随着流动而产生。如果还像过去那些财主一样，把钱埋于地下，多年后不但不会增减，更不会有丝毫增值。

高财商者提前使用未来的钱

普通人有时虽知道怎样挣钱，但往往不知道怎样花钱。而有钱人既知道怎样赚钱，也知道怎样花钱。穷人用今天的钱，有钱人用明天的钱。

有一则很富有哲理的小故事。

一个中国老太太和一个美国老太太在去世之前进行了一番对话。

中国老太太说："我攒了一辈子的钱，终于买了一套好房子，可是我下周就要走了，真是造化弄人啊！"

美国老太太则说："我终于在去见上帝之前，把我买房子的钱还清了，但幸运的是我一辈子都住在好房子里。"

乍看这一番对话，它只是反映了东西方不同的消费观念。但若进一步深层挖掘，其中则蕴涵着一个深刻的经济哲理——

要善于把未来的钱挪到今天用。 过平常生活要如此，经商致富更要如此。

就一般人而言，在致富之初都缺乏资金，但这并不意味着他今后没有钱。 这主要取决于他对自己未来事业的信心和个人成功致富的基本素质与条件。 只要他个人有信心致富，个人有良好的致富素质和条件，那么他未来就肯定能成为一个有钱人。 既然他未来是有钱人，那么就可以把未来的钱挪到今天用。

当然就今天而言，未来的财富只是一个虚拟的概念，如果你想将其变成现实的财富用于今天，就必须先向别人借钱或向银行贷款。 这样你就能实现"把明天的钱挪到今天用"。

提前使用未来的钱，但千万别做出超越法律界限的事情。

沃尔夫森一生收购过很多公司，他一度是美国汽车公司的最大股东。最后，他把主要精力投入到经营梅里特·普曼公司上。这家公司包罗了造船、建筑、化工和发放贷款等方面的业务，公司的销售总额达到 5 亿美元，但这些性质各异的要素从来没有真正成为一个整体，公司留下的是一条飘忽不定的经营轨迹。

在收购公司和交易股票的过程中，沃尔夫森常常同证券交易委员会发生冲突。于是该委员会诉诸法律，并获得了针对他在出售美国汽车公司股票时所做的虚假声明的法院强制令，这个虚假声明曾使投资者产生误解。另外，证券交易委员会还以类似的理由，就他在梅里特·普曼和斯科特公司股票上的交易诉诸法律。沃尔夫森被裁定犯有伪证罪和图谋妨碍司法罪。

沃尔夫森的投资行为始终处于这个或那个管理机构的审视之下。有一次他抱怨说："像我这样受到这么多调查委员会调查的企业家,在美国找不出第二个。"最后,由于在经营大陆实业公司——一家由他控制的公司的未记名股票交易时,由于言语不检点,他终于把自己推上了与证券交易委员会严重对抗的位置。这个管理机构面对日益增多的白领金融犯罪活动,正想开创一个惩处搞歪门邪道的金融家的先例。而沃尔夫森恰是一个适当的人选:知名度高,受人尊敬,具有人尽皆知的金融权力。

于是,在一份非同寻常的起诉书中,证券交易委员会指控说,正当沃尔夫森出售未记名股票的时候,大陆实业公司发布了有利于他的新闻稿,声称该公司已获批准生产一种烟雾阀。换而言之,沃尔夫森是在发布股票行情看涨的消息,使其从中渔利。沃尔夫森反驳说,政府在捕风捉影,小题大做,他的这种做法只是一种技术性犯规,而且他本人是无辜的,因为他只是按照他的管理层的意见行动。这一诉讼由合众国代理人罗伯特·摩根索提出起诉。沃尔夫森所做的辩护是:他是公开地和光明磊落地进行这次股票交易的,他是以自己的名义而不是通过国外其他账户进行交易的,他甚至把这次交易情况向证券交易委员会报告过,等等。但这些辩护都被一一驳回。最后,他被判定有罪,判处监禁1年。

此时，梅里特·普曼和斯科特公司进入了清算期，他的金融帝国的其他部分也在土崩瓦解。10年的股东诉讼和同政府打官司耗费了他几百万美元以及他的健康，最后还有他的自由。1969年春的一天，沃尔夫森因为在金融方面干了像在人行道上吐痰之类的事情而锒铛入狱。

沃尔夫森在其事业顺遂的年月里，自然结下许多有权有势的朋友。确实，在入狱前不久沃尔夫森还吹嘘过，他本来可以获得总统特赦，这是"某个接近"约翰逊总统的人向他提出来的。

如今，中国人也开始改变以往的财务习惯，把未来的钱挪用到今天正成为一种潮流。但做生意千万不要超出法律的界限，即使只是那么一点点，你也有可能像沃尔夫森一样在职业生涯的最高点中止前进的步伐。如果你在法律的边缘冒险游走，一旦锒铛入狱，那么你所有的努力和成就就会在顷刻间化为乌有。

高财商的要素，你具备吗

不是所有人天生就可以拥有超出常人许多的能力，那些后来拥有财富的人也不都是"富二代"。财商是可以靠学习获取的，而且诸如比尔·盖茨等富豪，往往都是凭借自己的能力、自己的高财商，成为财富榜单上耀眼的明星的。 可是高财商者究竟要具备怎样与众不同的素质呢？ 财商与财富是密不可分的，而财商的精神要旨在于如何去管理金钱，成为金钱的主人。 我们不仅要学会利用现有资产赚取更多利益，还要在财务安全和财务自由中体现人生的快乐，这才是财富的真正意义！而这一切所需的必要条件就是高财商。

一个人要拥有高财商，需要具备哪几种必备的重要要素呢？ 一般来说，要具备以下4种要素。

1. 基本的财务知识

很多优秀的人才，都十分擅长利用自己的知识和能力赚取财富，但是却不懂如何把赚来的钱管好，利用钱来赚钱，这主要是因为他们缺乏最基本的财务常识。 因此，投资的第一步就是了解最基本的财务知识——学会运用财富，知道货币的时间价值，知晓简单的财务报表，学会投资成本和收益的基本计算方法。 你只有掌握了这些基本的财务知识，才能灵活运用资产，分配各种投资额度，使自己离财富更近一步。

2. 投资知识

除了财务知识以外，我们还要对投资的知识有一些了解。现代社会提供了多种投资渠道：银行存款、保险、股票、债券、黄金、外汇、期货、期权、房地产、艺术品，等等。 若要在投资市场有所收获，就要熟知投资的各种途径。 存款的收益虽然低，但是非常安全；股票的收益很高，但是风险较大。 各种投资工具都有其特定的风险和收益特点。

熟悉了基本投资工具之后，还要根据自己的实际情况，掌握投资的技巧，学习投资的策略，收集和分析投资的信息。 只有平时多学习、多实践、多积累，才能真正掌握投资的知识。不仅要努力学习投资之道，还要尽量多地参加各种投资学习班、讲座，阅读报纸和杂志上的相关内容，通过电视、网络等媒体多方面获取知识。

3. 资产负债管理

要投资，首先要知道自己有多少资金可以用于投资。 类似于企业的财务管理，你首先要做的是列出你个人或者家庭的资产负债表：你究竟有多少资产？ 资产是如何分布的？ 资产的配置是否合理？ 你是否有过借债？ 长期还是短期？ 有没有各种商通卡？ 信用是否透支？ 你打算如何偿还欠费？ 有没有人向你借过钱，是否还能收回？ 这些问题你可能从来没有想过，但是，如果你想要具备良好的投资能力，必须时刻关注它们在你的生活中出现的时刻。

4. 风险的管理

人不可能总是走运，总有倒霉的时候。 若不做好风险管理与防范，当意外发生时，可能会使自己陷入无法自拔的困境之中。 一个人不但要了解自己承受风险的能力，即自己能承担多大的风险，而且还要了解自己对于涉及风险的态度，即是否有能力承受大的风险，这会随着人的年龄等情况的变化而变化。年轻人可以承受很大的风险，但却没有承担风险的财产可以用来冒险，而老年人具备承受风险的财力，却早已承受不住风险的打击。 一个人要根据自己的资产负债情况、年龄、家庭负担状况、职业特点等，让风险与收益达到完美的组合，而这个完美组合也是需要根据自身的情况随时调整的。

为了提高自己的财商，首先，要时时注意留心经济信息，平时多浏览这方面的书籍和报刊，相信这一定会不断丰富你的投资知识。

其次，注意日常生活中的经济信息也很重要，比如电视、报纸、杂志等。 我们每天都会接触到各式各样的投资理财信息，倘若你给予一定的关注，并不断地积累和总结，相信终会有所收获。

再次，实践出真知。 也许你没有发现，但我们确实都在进行着财务的规划和安排。 随着财富的积累，年龄和经验的增长，我们的财商也较之前有着明显的提高。 具备一定的财商后，我们参与投资的程度更深了，因此，所得到的回报也就越大，也更加提高了我们参与投资实践的积极性。 这样从实践到理论，从理论再到实践的循环往复，有助于我们大大提高财商。

最后，观念或习惯是影响财商最重要的因素。 或许你从小就挥霍成性，或者你已经习惯把你的大部分工资存在你所熟悉的银行，或者你的收入主要花在购买化妆品或者招待朋友上，人的一些习惯一旦养成就很难再改变。 因此，要获取高财商，除了掌握一些必备的财务知识，了解市场信息和总结自己的投资实践经验外，还必须整理修改自己的一些错误投资理念，树立正确的投资思想，才能真正成为一个富有的人。

欲望促进财富的积累

哈佛大学的一位老教授曾说过这样一句名言："欲望是人类灵魂的先知。"这里的欲望并不是一种贬义。 印度 20 世纪被世人认为最伟大的哲学家、心灵导师克里希那穆提讲过这样一句话："如果对欲望没有深层次的理解，人就永远不能从桎梏和恐惧中解脱出来。"如果你摧毁了你的欲望，可能你的生活也随之崩塌。 如果你扭曲它，压抑它，你摧毁的可能是非凡之美。 在欲望的不断督促下，人不断占据客观的对象，从而同自然环境和社会形成一定的关系。 通过满足自己的各种欲望，人作为主体把握着客体与环境，和客体与环境取得统一。 从这个意义上来讲，欲望促使人改变自己的同时也改变着世界，从而也是人类进化、社会发展与历史进步的动力。

在财商教育中，我们也要正确把握欲望起到的多方面作用。 不要谈到欲望就担心自己成了一个恶人。 很多富豪坦言：你只有爱上钱，才会赚到更多的钱。 一个在加拿大开店的中产阶层人士说："从我小的时候，父母就教育我，做生意，就是在和金钱谈恋爱。"

想要成为富人，就必须有成为富人的梦想。 没有资金、没有场地、没有社会关系、没有知识经验，总之一无所有，但这都不可怕，最可怕的是连赚钱的欲望都没有。 如果你想从现在开始变得富有起来，那么，你就让你的金钱欲望强烈起来，就从"爱钱"开始吧。

毫无疑问，犹太民族是世界上最聪明的民族之一。有人说犹太人天生就是做生意的，世界上的亿万富翁中有很多都是犹太人；有人说天才靠勤奋，犹太人确实得益于他们天性中的勤奋；有人说天才靠激情，犹太人具备对商业的热情，因为他们从小就对金钱有着强烈的欲望。

美国著名的推销员乔·坎多尔弗就是因为对钱的欲望逐渐强烈，最终才走向成功的。

乔·坎多尔弗在美国肯塔基州的瑞查孟德镇出生。1960年，当他的第一个孩子米切尔降生时，这位数学老师每周56美元的收入显然已经不够负担生活开支，他开始觉得钱有多么重要了。

在坎多尔弗就读于迈阿密大学时，一家人寿保险公司曾推荐他购买过一种保险。现在，这家公司希望他能够成功地向大学生推销各种保险。在通过资格测试后，保险公司录用了他，并答应每月付给他450美元，向他提出的条件是，未来的3个月中销售10份保险或赚取10万美元的保险收入。

这对于一位只教过数学的教师而言，简直太难了。但是，他太需要钱了，同时他的妻子也全力支持他。他努力熟悉每一件与人寿保险有关的事情。他给自己制订了详细的计划，可事情与他预料的大不相同：在工作的第一天，他与8个人谈生意，共用去18小时，却没有一个成功的，他禁食一天以示惩罚。

然而，一次的失败并没有使他气馁，不断的努力使他在第一个星期就获得了9.2万美元的销售额。同年12月，坎多尔弗再次与保险公司续签了一年的代理商合约。同时，为了鼓励坎多尔弗，公司奖励他1.8万美元的酬金和奖金。从那时起，坎多尔弗就知道了他这辈子应该干什么，他找到了可以为之奋斗终生的职业。

　　为了干得更好，坎多尔弗每天都要比别人付出更多的时间，他的一年相当于别人的一年半。坎多尔弗不仅延长工作时间，还在此基础上对时间善加利用。

　　坎多尔弗从不没有计划地在工作时间内做事。他每天的吃饭时间都有意义：他陪同吃饭的对象，或许是一位顾客，或许是一位有助于他赚钱的人；而独自吃饭的他，不是接电话，就是阅读与其经营业务有关的资料。每天，他从不对人说工作之外的话，他所阅读的每份资料都直接或间接地与他的经营业务有关。曾向他询问使销售额翻番方法的年轻人，用他的方法增加了3倍销售额。

　　除了吃饭睡觉外，坎多尔弗所有的时间都用来工作。他说："我觉得人们在吃睡方面花费的时间太多了，不吃饭、不睡觉是我最大的愿望。对我来说，一顿饭若超过15～20分钟，就是浪费。"终于，他的努力没有白费，1976年，坎多尔弗的推销额达10亿美元。年销售额100万美元是加入"百万美元推销员俱乐部"的条件，坎多尔弗的销售额大大超过了绝大多数保险公司的年销售总额。"我成功的秘诀很简单，我可以比别人更努力、更吃苦，因为我比他们更渴望赚钱，而多数人则不愿意这样做。"当谈到自己的成功时，坎多尔弗这样说。

一个需要钱、爱钱、对财富充满了强烈欲望的人，就会为了实现欲望而比别人更努力、更吃苦，最终他所拥有的财富是令人意想不到的。而富豪大都是这样的。

有人说其实对于有钱的人来说，拥有万贯家财并不是最重要的，追求财富的过程和精神才是一个高财商者最重大的财富。

第三章

有钱人和你做的不一样

舍得财富，才能得到财富

财富总是那么容易吸引公众的眼球，创造财富的人总是显得那么非同一般。其实，所有非凡的故事都曾平凡地发生在我们身边，只是我们当初并没有特别留意。

我们知道，大江大河在流淌过程中，沿途不断有支流汇集而入，江河得之不拒并逐渐壮大，因为江河是支流、小溪东流入海的良好载体。同时，江河也随时在沿途释放水分，灌溉田野，补充湖泊，用自己的付出营造出良好的共生环境。在得与舍之间，水才得以实现流畅通达。

水的这种特性，暗合孔子所说的"见得思义"之理。那么，对我们来说，"得"什么？财富、名位来归于我，叫"得"。而见"得"，应该想一想是否合乎义理、道义、人情、国法。合则受，不合不受。

舍得财富是难能可贵的。人生在世，利益不但驱使着我们的身体，也左右着我们的心灵。面对利益，不同的人会有不同的处理方式，就看你对利益持有什么样的心态。但不管怎样，你给别人一枚金币，别人绝不会只给你一个铜板。

在赚取财富之后，要学会舍和予。金钱本来就是一种货币符号，是我们用来改善生活的介质。对个人来说，财富是用来体现自身价值与实现自己愿望的工具与手段之一，只有利用起来才有价值，否则，金钱只是一堆金属与纸张而已，充其量是为别人与社会积攒的财富。 只有正确地利用与消费财富，我们的生活才会丰富多彩。 如果我们只是为攒钱而赚钱，纯粹成为赚钱机器，那么，我们就会和吝啬鬼葛朗台没什么两样，生活就会如一潭死水，死气沉沉、黯然失色。

金钱是柄双刃剑，它既能使你富足天下，也可以使你举步维艰。 你对它吝啬，它对你也吝啬；你对它慷慨，它对你也慷慨。 对于金钱，我们要重视，也要轻视。 只有舍得施予的人，才更容易获得。 如果一个人拥有了巨额财富却不知道用心行善，那么他的财富也将会因为他的贪婪而被葬送。

对待金钱的正确态度是：从自己的收入中提取适当比例去救济那些需要帮助的人。 为什么要这样做呢？ 第一，你取之于社会，也应用于社会；第二，这样做对你和对别人都深具意义。 最重要的是，你这样做无异于告诉别人也告诉自己，人人头上有片天，只要自己肯努力，一定能开创自己美好的未来。

你打算何时提取适当比例的收入去救济那些需要帮助的人呢？ 难道要等你有钱了或是有名了？ 不是。 你要从有收入之日起便开始这样做，因为你的施予就像播种一样，会帮助那些得到你帮助的人重新燃起希望之火。 在你的周围有许多需要帮助的人，当你向他们伸出援助之手时，你就会对自己有另一番的肯定，生命不再是为了满足自己的需要而存在。

不管你能赚多少钱，都不比助人时得到的那种快乐多；不管你能取得多少投资收益，也都不比提取适当比例的收入助人时得到的那些报偿多。 当你这么做以后，你对金钱会有更深刻的认识，知道金钱能买到许多东西，但也有许多东西是金钱买不到的。 提取适当比例的收入去救济那些需要帮助的人是必要的，但更重要的是，你必须向他们指出：人生并不是一成不变的，蕴涵着无穷的机会，唯有激发出自己的潜能，方能拥有富足的生活。 当你领悟了金钱的真谛后，回报你的不仅是物质上的收益，还有心灵上的慰藉和精神上的满足。

金钱跟其他东西基本上没有两样，既然取之于社会，就得用之于社会。 你对他人伸出援助之手，他人肯定也会对你心生感激，从而为你带来更多、更大的财富。 所以，对于金钱，你可以用它，但千万不要为它所用，也不要让金钱在你的心里占据独尊的地位，只知获取，不知付出。

不管你能赚多少钱，也不管你能施与别人多少恩惠，只要你有那么一片善心，自然而然就会收获一份回报。

"舍得"除了是对公司员工和对社会的财富分享，也有可能是在遇到有碍于取得更多财富的时候，放弃手头所拥有的财富，然后获得更多财富。 精明的商人都会记住一点："舍"钱并不会减少你的财富。

洛克菲勒在最初创业时，与一位比他大 12 岁的英国人莫里斯·克拉克合伙办了一家贸易公司。当时两人各出资 2000 美元，头一年就经销了 45 万美元的货物，收益颇丰。随着美国南北战争的爆发，二人开始囤积居奇，大发战争财。这一段创业经历为洛克菲勒日后转向石油领域奠定了初步的资本基础。

在公司成立的前两年里，克拉克负责采购和销售，洛克菲勒负责财务和行政，两人的合作还算默契。克拉克曾赞扬洛克菲勒的认真，说他"有条不紊到了极点，常常把数字计算到小数点后三位"。

但是克拉克依仗自己年龄大，在商场上打拼的时间长，总是以"老大哥"的身份自居，动不动就教训洛克菲勒不懂人情世故。面对他自鸣得意的样子，洛克菲勒不以为然，尽职尽责地做好自己的工作。就在洛克菲勒领导他的公司走向石油领域、准备大展宏图的时候，他与合作伙伴克拉克在经营上发生了矛盾。克拉克虽然对公司业务还算尽心尽力，但在需要做出重大决策的关键时刻，他却往往举棋不定，耽误了许多生意。一向冷静的洛克菲勒对此大为恼火，两个人在决策上的争执逐渐频繁起来，有时甚至相持不下。

洛克菲勒和克拉克的矛盾终于在是否扩大在石油领域的投资上爆发了。洛克菲勒要从公司拿出 1.2 万美元投资石油业，而克拉克则认为这是在拿公司的命运开玩笑，坚决不同意。

1865 年，洛克菲勒认为克拉克不再适合作为自己的长期合作伙伴，于是痛下决心，通过内部拍卖与克拉克争夺公司的控制权。最后，洛克菲勒以 7.25 万美元赢得了这一仗，获得了公司的独立经营权。

这样的决定被洛克菲勒视为自己平生所做的最大决定，正是这一决定改变了洛克菲勒一生的事业，也使他身边的伙伴最紧密地团结在他周围，为了洛克菲勒家族这艘巨大的战舰驶向世界商海而齐心协力，奋战于惊涛骇浪之中。

长痛不如短痛。 在财富积累的过程中，我们总会遇到各种困难，这些可能来自于昔日的功臣，有碍于我们获取更大的机遇和更多的财富，面对这些，我们只有忍痛分出小钱，得到大钱。

心动还要行动

从前有两个兄弟，有一天两个人一起出去打猎，突然发现天空中飞来了一只肥肥的大雁。他们非常高兴，就讨论起如何享用这顿美餐来。老大提弓瞄准大雁，说道："把它射下来，我们煮了吃。"老二不同意，抓住大哥即将要射出的箭说："不行，煮的不好吃，我们不如蒸着吃。"老大也不同意，非要煮着吃。于是，哥俩就到底如何享用这只大雁的问题吵了起来。经过一番唇枪舌剑，哥俩终于定下来要煎着吃。达成一致意见后，两人同时抬弓射雁，却发现大雁已杳无踪迹了。

不要在事情有结果之前就去忙于设想成功后如何享用果实，如果因此延误了最佳的行动时机，将悔之不及。 现实生活中，我们常听到一句话："心动不如行动。"当代人最为缺少的既不是天马行空的创意想象，也不是巧舌如簧的雄辩口才，而是行动力。所以，很多人调侃："世界上最遥远的距离，是口与手的距离。"行动力是效率，更是能力。

每个人从心底都渴望创富，只是真正富有的人还是只占少数，因为大部分人都只是心动，而没有付诸行动。所以普通人与成功者的差别就是前者是伟大的空想家，后者是平凡的实干派。心动不如行动，不要只把理财放在口头，踏踏实实地行动起来，你才可能成为有钱人。理财投资并不难，难的是下定决心并坚持去做，行动起来比什么都要重要。

很多人在看见那些白手起家的百万富翁时，都会酸酸地想如果换作自己去做可能会做得更好，可问题是他们归根结底还是没有去做，这就是所谓的"行动力"。"说一尺不如行一寸"，无论多么简单的事情，要想成功，都得付诸行动。立即行动才是走向成功的第一步，止于梦想的人永远无法获得成功。

在通往成功与财富的道路上，我们没有那么多的机会可以失去，很可能一时的犹豫就与财富擦肩而过，畏首畏尾地只想不做，就只能与成功失之交臂。所以，毫不犹豫地行动有时也是成功的重要前提。

安德鲁·卡耐基，美国著名的钢铁大王，是众所周知的成功人士、财富巨人，他成功的一生被撰写成多个版本，像传奇一样广为传颂。这位成功的富翁，在对待果断行动与犹豫不决时坚信："机遇往往有这样的特点，它是意外突然地来临，又会像电光石火一样稍纵即逝。这个特征要求人们在资料、信息、证据不是很充足，而又来不及做更多搜集、分析的情况下，做出决断。否则，有机不遇，悔恨莫及。"

出生在苏格兰古都丹弗姆林的卡耐基在 13 岁那年，举家搬到美国纽约，接着又流连辗转于匹兹堡。当时穷困的家庭使得他只能白天做童工，晚上读夜校。这样坚持了一年以后，他在匹兹堡的大卫电报公司谋得一份信差的工作。还不熟悉路况地形的卡耐基觉得这是机会，于是向公司承诺一个星期记熟全城的线路。结果他做到了，在这样的工作过程中，他渐渐熟悉了每一家公司的名称、特点以及相互间的业务往来与经济关系。日积月累，在他的脑海中，就形成了无形的"商业百科全书"，这在他日后事业发展过程中发挥了重要作用，让他获益匪浅。

　　刚开始做生意时，卡耐基也曾有过徘徊和犹豫，不过随着年龄和阅历的增长，他变得越来越果断，事业也越来越顺利。从毫不犹豫地辞职并拿出全部家当买下道茨兄弟的一项钢铁专利和焦炭洗涤还原法专利，获取了巨额利润，到经济大恐慌时，迅速行动收购公司股份，从而将公司改为卡耐基钢铁公司，无不体现了卡耐基敏锐的判断力和果决的行动力。如果他当时有丝毫的迟疑，我们都无法想象是否还会有大名鼎鼎的卡耐基钢铁公司。

很多时候，机会就在你犹豫的瞬间倏然逝去，所以在遇到合适的机会时，我们要心动，更要行动。只要跨出第一步，以后的路就会逐渐好走，大刀阔斧地行动是取得成功的重要因素。

金钱需要滚动才能体现其价值

有些人之所以穷，是因为他们把自己辛苦赚来的钱都攒起来，让"活钱"变成"死钱"。而有些人之所以富有，是因为他们活用自己赚来的钱，他们从不攒钱，而是把钱继续投入到赚钱的行业，用所赚的钱去赚更多的钱。

《塔木德》说：上帝把钱作为礼物送给我们，目的在于让我们购买这世间的快乐，而不是让我们攒起来还给他。

犹太人的经营原则之一是：没有钱或钱不够的时候就借，等你有钱了就可以还了，不敢借钱是永远不会发财的。

攒钱是成不了富翁的，只有赚钱才能赚成富翁，这是一个再普通不过的道理。并不是说攒钱是错误的，关键的问题是一味地攒钱，到花钱的时候，就会极其吝啬，这会让你获得贫穷的思想，让你永远也没有发财的机会。

一个人所具有的思维和感觉，决定了他将来是否可以拥有财富。富有的思维创造财富，表现出一种慷慨和大度。而贫穷的思维造成真正的贫穷，体会到的常常是卑微和小气。

如果一个人身陷困顿，就会整天为生存而奔忙劳碌，所想到的就是简单的生存。长此以往，便没有了时间去想其他的事情，头脑里就没有了对更多财富的渴望，也就失去了成为富人的条件。

犹太巨富比尔·萨尔诺夫小时候生活在纽约的贫民窟里，他有6个兄弟姐妹，全家只依靠父亲做一个小职员的微薄收入生活，所以生活非常困难。他们只有把钱省了又省，才可以勉强度日。到了他15岁那年，他的父亲把他叫到身边，对他说："小比尔，你已经长大了，要自己来养活自己了。"小比尔点点头，父亲继续说："我攒了一辈子也没有给你们攒下什么，我希望你能去经商，这样我们才有希望改变我们贫穷的命运，这也是我们犹太人的传统。"

比尔听了父亲的忠告，于是就去经商。三年之后，就改变了全家的贫穷状况。五年之后，他们全家搬离了那个社区。七年之后，他们竟然在寸土寸金的纽约买下了一套房子。

很多犹太人世代都在经商，经商成为他们改变人生命运的首选。因为他们认为只有经商才能赚取很多的利润，才能彻底地改变自己贫穷的命运。

赚钱是一种智慧的思维，想要成为一个有钱人，不但要有能够巧妙赚钱的智慧，更要有与之相应的行动。只有这样，才能跻身富人行列。

财富的真正主人永远都是那些从大处着眼、小处着手的人，他们不会放弃任何赚钱的机会，并不停地将赚来的钱投入市场，让这些钱持续地滚动，直到滚成一个"大雪球"。

财富滚雪球的秘密：提高你的投资回报率

刚刚接触投资的人通常喜欢问"投资什么行业比较好呢"，其实，这个问题无法有一个定论。 投资什么，取决于你要求的ROE。

ROE，也称作投资回报率。 一般人认为，没有风险的ROE最高应该是3.6%左右，其实，在真实生活中，无风险的ROE最低约为12%。 当然，有人可能会说，很多上市公司都达不到这个数字，但这是事实。

当你不愿意花时间考察项目，并且不考虑通胀的时候，12%的ROE其实还是不错的数字。 但是考虑到通胀就不是这样了。

在个人投资理财中，如何提高自己的投资回报率呢？ 程小姐的投资经验或许值得大家借鉴。

程小姐是北方某城市的一个工薪族，手头有一点积蓄，她以较低的价格买下了市郊的一处房产。一般认为，远离市区的物业在投资者心目中向来少有租赁投资价值，但程小姐的这一处房子，租金回报率为9.6%。程小姐对房地产投资有了新的认识：偏离市区中心的地带，只要仍是价格洼地，并有客源支持，一样具有长期投资的价值。

程小姐从此便考虑将资金投入房地产中。经朋友的介绍考察市郊某大型小区后，她对小区环境非常满意。虽然当时该小区的交通配套设施还不太完善，但程小姐认为房价较低，户型又合理，即使不作为投资也可以未来自住，于是又买下一套78平方米的小面积物业。

考虑到暂时不用于居住，程小姐将房子继续出租，年租金回报率达到6.4%左右，远高于市区许多区域的租金回报率，程小姐尝到了小额投资高收益的甜头。

更让她的朋友艳羡的是，2年后，随着小区附近科学城的发展成熟，该小区周边板块的经济发展起来，众多的国内外企业涌入带来了大量的租赁客源。据统计数据，当时该小区物业每月租赁成交超过40宗（不包括别墅），租金快速上升，投资回报率已达9.6%。

程小姐投资成功的案例说明一个问题，投资不一定要拘泥于常规，走在别人前面，有远见，是获得高回报率的关键。

学习是到达财富王国的必经之路

"没有人是贫穷的，除非他没有知识。"这句名言里所说的"知识"，指的是创造财富应知应会的知识，这种知识会促使人快速提升赚钱能力。因此，知识就是财富。

犹太民族是世界上较富有的民族，他们经商的成功秘诀是很简单的两个字——学习。 所以，他们这样形容知识的重要性："知识是最可靠的财富，是唯一可以随身携带、终身享用不尽的财产。"

知识是富人随身携带的一笔巨大财富。 钢铁大王卡耐基、石油大王洛克菲勒等巨富们已经具备了赚大钱的能力，所以他们不惧怕失去财富，因为即使失去财富，他们所具备的赚钱能力又会很快地使他们成为亿万富翁。 因此，钢铁大王卡耐基说："你可以把我的资金、厂房、设备全拿走，只要人不动，十年后我还是世界第一。"

可见，学习可以让自己具备挣钱的能力，是致富的关键环节。 巴菲特有一句投资名言："如果你不懂它，那就别做它。"可见，努力学习直到你"懂"为止，是投资致富成功的保证。 当今社会贫富差距之所以越来越大，说到底还是人与人之间的赚钱能力的差距越来越大。

学习的途径无非有两条：一是向书本学习，二是向人（多为先富起来的人）学习。

向书本学习，是初涉投资理财的人必做的事。 因为许多初级的赚钱知识和能力，书本都可以提供给你。 而且通过书本学习，你可以很快地掌握一些赚钱的知识，减少自己摸索的弯路和时间，从而赢得更多的赚钱时间，也提高了投资成功率即赚钱的概率。

一项调查结果显示，90％以上的富人是通过学习获取致富知识和技巧之后才获得富裕生活的。 近些年，韩国产生了一大批很年轻的新生代富豪，他们中的很多人都是读书狂，他们通过读书获取财富知识、提高赚钱能力。

我们都知道，在中国，晋商曾富甲一方，例如大家熟悉的乔家就是一个例证。晋商究竟有多富有？有一个数据能回答你：鸦片战争前后，清政府全年财政收入不过7000万两白银，而山西的富商资本在千万两金银之上的比比皆是，真可谓是富可敌国。晋商如此富庶，与他们的精神财富——重视学习是分不开的。

据说，晋商家族中是以读书能力来划职业、定前途的。晋商总是把最有学习能力、最优秀的子弟投入商海，只有一二流的读书子弟才能优先去经商，三四流的子弟则被下派去参加科举考试。可见，学习对于经商致富有多么重要。

"懂得运用知识的人最富有"，这是美国麻省理工学院经济学家莱斯特·梭罗说的一句经典名言。言下之意，就是说能否运用知识及掌握技术，是决定21世纪贫富差距的关键。而运用知识及掌握技术靠的就是学习。

只有通过自己学习，掌握了一定的知识，才能自主地、辩证地、正确地对待致富过程中出现的问题，也只有自己掌握了相关知识，才能甄别投资过程中出现的假象，才具有观察问题、分析问题、自行决策的能力，才不会在随大流中盲从投资，从而能较为准确地判断这是投资机遇还是投资陷阱，最终能较大程度地规避投资风险。

笔者曾经在一次理财讲座中，做了一个模拟实验。百年不遇的金融危机爆发了，有一家银行面临倒闭，于是银行发生了挤兑。假设所有听讲座的人都有钱存在这家银行。笔者问："你们会不会参与挤兑？"请会参与挤兑的人原位不动，不会参与挤兑的人站起来。结果，只有两个人站起来。

他们是这样解释不参与挤兑的理由的：他们事先学习过保险法，保险法规定，一旦银行发生倒闭，每户最高只有100万元的保障。因此他们在存款的时候，就了解到这家银行有参与存款保险，而且在存款之前，他们已经将巨额的存款分成几家银行存，所以在这家银行的存款没有超过100万元。这样，这家银行倒闭后，他们可以获得保险公司的赔偿，所以没有必要去挤兑。

从这个小案例，就可看出学习与不学习的差别。万一哪个富翁因没有学习保险法，将几千万的存款存在这家即将倒闭的银行，那他就惨了，因为他最多只能获得100万元的赔偿，其余的财富将化为泡影。

当然，学习还包括从实践中学习。实践是最好的学习途径和最好的老师，正所谓"实践出真知"。犹太人通过学习和实践提高了自身素质，使犹太民族成为较富有的民族。所以，向书本和向他人学习的知识和经验，要结合到投资理财的实践中去。当你真正做到将学习贯穿到致富生涯中去，你将会更加顺利和有效地得到财富。

赚钱的能力是通过经验和体验得来的

在现实生活中，人们总认为赚钱一定有秘诀，不然不会有那么多的有钱人。其实，哪有什么秘诀呢。

假设真的有秘诀的话，那就是善于学习别人的经验，也就是说，用已经证明有效的方法来帮助自己成功。有的人之所以没有成功，是因为不善于学习别人的经验，而只是在用自己的经验。

只要你能够了解成功的人做哪些事情、采取哪些行动，只要你能跟他们做同样的事情，你也可以成功。

但财商高的人的"爱学习"不是盲目地学，而是知道自己应该学什么，学这些东西干什么用。

财商高的人学东西，都是主动地学，哪怕所学的东西在当时看起来可有可无。

财商高的人无论选择学什么，都是用心去掌握所学知识与技能的精髓，并要求自己能达到学以致用，能够举一反三。他们能把所学的东西变成改变自己命运的力量，变成自己真正的财富。

学习自己所需要的技能和本领，就是真正的财商高的人的特点。

涉世之初，也许你并不理解世事的艰难，并不明白金钱的来之不易，当然这没有什么大不了的。你要知道，要想将来获得巨大的成功，就要首先做一个谦虚的学生。任何一个成功者都是从做学徒开始的。

日本著名实业家松下幸之助曾说："经验是很重要的。做一件事，不管结局是成功还是失败，都是宝贵的经验。"既然只靠学校教育成不了亿万富翁，那必然要在实践中积累和学习赚钱的能力，这时经验就是你宝贵的财富之匙。

俗话说，"吃一堑，长一智"，要想成为真正的亿万富翁，在人生的挫折中学习和积累经验尤其重要。

1997 年，张帆从斯坦福毕业后，进入了高盛公司，由于其华裔背景，张帆被派到高盛亚洲的香港分部工作。张帆在高盛的那两年，正赶上大批中国企业的上市热潮，而他也有幸参与了中国移动、中国石油和和记黄埔等众多知名企业的并购及融资业务。

虽然每天接触的都是中国最顶尖的大型企业，每个项目涉及的金额也动辄高达数十亿美元，但张帆却从涌动的资本大潮中，发现未来中国经济的希望将在众多中小企业身上。虽然现在它们还未长成，但这些生命力旺盛的新兴企业今后将成为中国经济的引擎。从那时起，张帆开始对直接投资以及中国的中小企业产生浓厚兴趣。

接下来，希望充实自己的张帆再度回到斯坦福大学，只不过这一次他进入的是身价最高的商学院，攻读的是 MBA 课程。

在那期间，张帆结识了不少投资人，Tim Darper 便是其中的一位。Tim 早年毕业于斯坦福的电子工程系，其家族在美国投资界享有盛誉，投资过的企业数量已超过 200 家。

张帆与 Tim 相识后，两个人十分谈得来。后来，Tim Darper 募集了一支全新的基金——德丰杰全球创业投资基金，并开始组建亚洲管理团队。年轻有为的张帆被 Tim 看中。

之后，张帆以德丰杰亚洲副总裁的身份回到北京。事实上，正是由于他的敦促，Tim 才同意在北京设立办公室，因为此前，大多美国投资公司往往只是一到两个月才来中国看一下项目，回总部报告后再决定是否进行投资。

张帆认为，只有在中国扎下根来，更多地与中国企业接触，才能做出准确的判断。但张帆回国的时机似乎并不好，当时的中国刚刚经历了互联网泡沫，很多原本看好中国高科技企业发展前景的投资公司都已经打道回府。

而在张帆看来，这正是风险投资进入的好机会，低潮过后，会有更多新兴企业重新成长起来，就看你是否能把握机会了。

张帆在香港中环遇到了校友周云帆和杨宁。周云帆从清华电子工程系毕业后，在斯坦福大学获得电机工程硕士学位。杨宁则是周云帆在斯坦福大学的同学。

三位校友相见后便促膝长谈。原来，周云帆和杨宁已在互联网"寒冬"中将他们创办的 China Ren 售出，现在二人正准备东山再起，创办空中网，但却遇到了融资难题，因此要到香港中环逐家拜访投资机构。此时巧遇张帆，无疑是"捡"到了一个救星。

在详细倾听周云帆与杨宁讲述了他们创业的构想后，张帆决定投资空中网。然而当他把这个项目的报告发给美国总部后，却没有被合伙人看中。张帆只能两次返回总部，向德丰杰投资委员会进一步说明自己的看法：首先，中国互联网市场的发展前景巨大，而空中网的模式也是真正意义上的一次创新，同时，两位创始人也具有创业经验。

在看到张帆撰写的中国互联网市场、无线互联增值服务产业的前景分析报告后，德丰杰的投资委员会终于被他说服了。最后，他们按 600 万美元的估值向空中网投入了 80 万美元。

两年后，空中网在纳斯达克成功上市，成为当时中国企业中从成立到上市用时最短的公司。通过这个项目，德丰杰也获得了高达 25 倍的投资回报。

此后，张帆又主导了对百度、分众传媒等项目的投资，每次都让德丰杰获利丰厚。然而在这背后，张帆也有些许遗憾：由于项目审批权掌握在总部手中，每次都必须向远在美国的投资决策委员会汇报，但他们对中国市场并不熟悉，因此经常反复讨论仍得不出结论，最终错失良机。

经验的累积，在过程上非常复杂。失败中可能有成功，成功之中也可能包含着失败。一个人要每天反省自己为人处世的方法，找出失败的原因，再加以分析检讨，默记于心，当作将来待人处世的参考，这就是经验。如果不知道反省，只会糊里糊涂地过日子，经验从哪里来呢？所以从"经验"的意义来看，经营者把业务交给部属，就是让他们有增加经验的机会。相反，如果要求部属只许依令行事，那就等于把部属当成一部机器，只会被动地运转，然后渐渐老化，最后报废，又怎能增加经验呢？让员工成长、增加经验的方法，就是多让他们根据自己的想法来做事。在遭遇挫折时，提示他自行检讨解决——这正是使每个人都分担责任的正途。

经验的累积，见闻是必不可少的，但仅此远远不够，最重要的还应该是体验。"百闻百见，不如一次体验"，这正是松下幸之助的经验之谈。松下幸之助把体验置于见闻之上，指出其对人生的重要性。他说："我们不能日复一日，虚度人生，要不断累积体验。无论是站在什么立场，这都是很重要的。"

见闻和体验都是获取知识和能力的途径。这些途径有着快慢、直接间接的不同，更重要的不同是，从体验中获取的知识、养成的智慧、锻炼的能力，比单纯的智慧更有实践意义。这并非否认口耳相传、书本相传的智慧和能力，而是说体验得来的智慧和能力对于个体来说更有价值，对于生活实践来说更有作用。

如果你真有上进的志向，真的渴望造就自己，决心充实自己，你就必须认识到：无论何时、无论什么人都可能增加你的知识和经验。假如你有志于印刷业，那么一名普通的印刷工会帮助你了解书籍装帧的知识；假如你热衷于机械发明，那么一名修理工的经验也会对你有所启发。

我们常听到别人抱怨薪水太低、运气不好、怀才不遇，却不知道自己其实正处于一所可以求得知识、积累经验的大校园里，今后一切可能的成功，都要看自己今日学习的态度和效率。 无论目前职位多么低微，汲取新的、有价值的知识，将对你的事业大有裨益。

一个刚跨入社会的年轻人，随着自己地位的逐步升迁，一定有很多学习的机会，假如能够抓住这些机会，成功就是早晚的事。 能通过各种途径摄取知识的人，才能使自己的学识更加广博、深刻，使自己的胸襟更加开阔，也更能应付各种各样的问题。 自强不息、随时求进步的精神，是一个人卓越超群的标志，更是一个人成功的征兆。

不管在任何时候、任何地方，只要能抽出时间，我们都要自觉、有意识地去学习，修建好自己的码头，盖一座适合自己一生事业的丰富宝库。

综上所述，可以看出，一个人要想成为亿万富翁，就不要满足于从书本上获取知识，而应寻找各种机会大胆地直接与你周围的，甚至世界上知名的成功人士接触，获取第一手的宝贵经验，也可以仔细研究全世界成功的人士到底每天在做什么，他们每天做哪些跟你不一样的事情，他们如何管理时间，如何分配资源，如何在最短的时间之内达到目标。 这样做，你的成就也一定能令人刮目相看。 如果不能亲自见到，你只需要记住一点，你要成功，就必须向成功者学习；你要成为什么行业的顶尖人物，就必须多跟这个行业的顶尖人士接触。 只要你能够进入那个环境，跟他们学习，照着他们的方法采取同样的行动，你一定可以达到你要追求的结果。

同时，你也要积极实践，在曲折前进中累积教训、培养能力，如果你能一直这样坚持，那么你离成功就不远了。

有钱人如何配置资产

资产配置，简单地说就是在对的地方投资。 对于所有人来说，是否需要资产配置，不取决于资产拥有量，而是取决于所处的人生阶段。 一般来说，通过多种投资组合，才能使资产被更合理地分配在不同的金融产品上，并取得更高的投资回报。

通常进行资产配置的步骤如下：

第一步，根据理财目标对资产进行分类。 资产的分类通常有两种：一是实物资产，如房产、艺术品等；二是金融资产，如股票、债券、基金等。 如果按理财目的来区分的话，则可分为风险类和无风险类。 房产、股票、基金、艺术品通常被归为风险类的资产，银行存款则是典型的无风险类的金融资产。 在各类理财产品中，收益率与风险成正比，同时，在各类资产中，如房市与股市，由于资金的稀缺性，从长期变化上看，则具有明显的"跷跷板"效应。 以基金为例，股票型基金预期收益高，风险大；债券型基金兼具一定收益性和稳健性，但是波动较小；而货币市场基金流动性和安全性最高，但是收益性略差。 可以将这三种资金分开来进行投资，并根据其风险收益特征进行匹配投资。

第二步，需要依据个人特点进行资产分配。 即便资产不是很多，也需要进行资产配置，且在进行分配时，年龄、投资属性和市场状况是重要的考虑标准。 如年龄较轻，负担轻，风险承受能力强，积极型资产规划和高风险的投资产品就比较适合；而对于上有老下有小的年龄较长者，则适合稳健进取型规划，如配置中包括 20% 的股票、20% 的基金、20% 的定存以及相应比例的保险等。 但是，这也需要依据自身情况进行区别，对于收入较为稳定、负担较轻的家庭，可选择高风险资产进行投资，从而得到更高收益。

第三步，适时进行投资并定期检查投资绩效。 一旦确认资产配置计划，最为重要的是选择投资的时机。 对于低风险的资产配置计划，越早开始越好，而且从长期来看，具有很高的复利价值。 而对于有风险的资产配置而言，选择投资机遇更为重要，而且资产分配应不断变化，对于进场时机的捕捉也很关键。

比如投资基金，对于大多数投资者而言，了解一只基金的进场时机很困难，因此更多的投资者选择投资新的基金，这也同基金公司在新基金发行时期进行大量的市场宣传活动有关。其实，许多老基金由于其管理运作较为合理，不像新基金那样有建仓时间的问题，因此，更能准确判断市场上涨带来的收益机会。 投资者可以在理财顾问的指导下灵活调整基金资产的配置，或者根据基金公司不定期的推荐来确定投资时机。

其实，对于每个人来说，是否可以通过合理分配资产来改善生活，很大程度上取决于这个人对于分配资产的认知及对生活质量的要求。 但是资产配置并不是一成不变的，那种以为一旦完成资产配置和投资就可以放手不管的人的想法并不对。 只有根据人生不同阶段的规划，不同的市场环境，来不断检视和调整自己的资产组合，及时合理改善理财计划，才能达到理想的理财效果。

管理家庭财产的企业模式

应对好婚姻生活中的各种财务问题，在打造和谐美满的婚姻过程中，对提高婚姻生活的质量有着极大的作用。

一个家庭，财务状况与双方感情是密不可分的，恶劣的家庭财务情况会成为"婚姻战争"的诱因。一项调查数据显示，80%以上的婚姻问题都是由于金钱因素导致的。因此，解决婚姻生活中的各种财务问题，对于保证和谐婚姻生活，提高婚姻生活的质量有不可忽视的作用。

小欢是学经济学的，很早就对理财知识有所涉及。由于对这方面十分感兴趣，她读了很多书，学习了基本的理财技巧。最初她的丈夫并不知道这些，结婚后，才知道她有这样的能力，当即对其刮目相看，并把家里的理财事务全交给她管理。

这样，经济大权就掌握在了小欢手中，很快，她就将全部的钱财做了一个合理的规划。以前，她喜欢投资股票，但以做散户为主。因为她觉得自己还是属于风险厌恶者，风险投资并不适合她。而现在有了家庭，她需要换个角度进行考虑。为此，她还给自己制定了一个理财原则——把资金的1/5用来储蓄，1/5用来购买国债，

1/4 用来投资，1/4 用来买保险，最后剩余的作为日常开销。按照这个原则，她将全部财产都分配完毕。

丈夫看到在小欢的管理下，家里的一切都井然有序，财富也不断增加，高兴不已，对她大加称赞。

小欢合理地打理了家庭资产，她的家庭关系更加和睦美满。

通常来说，婚姻中的财务管理模式有两种：一种是个人财务管理模式；另一种是企业财务管理模式。两种既有相同点也有不同之处。例如，企业财务管理模式的特点主要就是跟紧市场需求，通过关注资金运动来综合考虑。企业财务管理模式的主要方法是记账式，通过详细的记录来对资产进行规划。很多高财商者会借鉴企业财务管理模式来管理家庭财产。

首先，结合自己家庭所需要的理财方式进行理财。例如，你现在正是 20~30 岁的年龄，精力旺盛，也是财富积累、储蓄和投资的关键时期，若你已经结婚，日常生活中的大小支出，都需要你的钱来支撑，拓展资金来源十分重要，是你管理财富的重点，"开源"的同时也要适当地"节流"等。

其次，留意家庭资金的流通，并用家庭账本来记录。通常在讲到财务问题的时候，我们自然会联想到账本，它可帮助我们更清楚地看到钱从哪里来，又到哪里去。清晰的财务报告，可以在管理家庭财务上省去很多时间。所以为了家庭能够更加富裕，应密切关注家里的资金流动，并在必要时刻进行调整，这样做才是正确的。

最后，通过综合考虑的方式来获取更多财富。管理一个企业要从大的方面来综合考虑如何让利益最大化，而作为家庭的财务管理者，你就需要学会用适合你的方式来理财。一般人都只在前两点上做得很好，但是，后面这点也有至关重要的作用。有了纵观全局的能力，才能更好地管理财产，让家庭更加富裕。

日常的花费、不经常的花销和没必要的支出，在每个家庭账本中所占的比例都不同。把你的花销规划得越合理，生活也就会越理性，自然也不用发愁没有钱用。

将通货膨胀的影响降至最低

面对通货膨胀，解决这一问题的方案迟迟未决，无数人都在寻找避风港，想要找到能避免自己财产受损的最佳办法。但实际上，这并不难办到。

面对通货膨胀，如何做才能让我们从容面对呢？

1. 建立家庭财务安全组合

不论在什么时间和地点，家庭的财务中心都是在确保资金安全的前提下，做好合理安全的投资组合。

保持充裕的家庭现金流是首要的问题。通常来说，不妨配置50%的资金在银行定期等收益稳定、风险极低、流动性高的产品上。在选择投资产品时优先考虑保本的问题，追求增值是次要考虑的，可试试配置40%的资金在债券等稳定收益类产品上。此外，行情的转变中随时有可能出现投资机会，还可预备

10%的资金在市场持续下跌、投资机会凸显的时候，将目标投向一些有长期投资价值的产品，采用批量的投资方式，做好长期投资的布局。

2. 财务策略要攻守兼备

行情较为可观时，投资者可以随时将自己的股票、基金转换为现金，即便收益低，却也避免了出现大量亏损的问题。

投资者应该通过不同的目标，配置相应的理财产品组合，例如货币市场基金、国债、债券型基金和股票型基金等。假如家庭有短期购房、购车等理财打算，应优先选择短期稳健型银行理财产品，而不应选择股票或股票型基金等高风险理财产品。

规避风险，在投资前计划好，如人身风险、财产风险等。适合的保险规划是保障家庭幸福的前提条件，因为保险产品具有其他理财产品所不具备的作用，如可提供高额医疗费用，或者患重大疾病或残疾后的补偿和生活费用，还可以提供除社保外的更高额的养老保障等。

3. 储备充足的"过冬"物资

减薪、失业往往会给我们的生活带来变化，要做到防患于未然，保持资产的流动性。例如原来日常准备 3～6 个月的生活开支即可，但处于经济动荡时期时，如果有其他投资行为的，应事先准备备用金，并保留最少 1 年的生活开支。从金融资产的角度来看，多积累一些既能保值又容易流通的金融资产，比如黄金就同时具备抵御通胀、资产保值和规避风险的作用，能降低投资组合的波动性，使资产长期拥有增值潜力和机会。工薪家庭可适当配置实物黄金资产，一般来说这个比例应占总资产的 10% 左右。

同时，对房产的购买也需要重视。 房产类属固定资产，人在任何时候都需要房子。 因此，在通货膨胀时，房价的上涨也就理所当然。 房产投资基本上适合资金比较宽裕的各类人群。

通货膨胀常常让人不知所措，眼睁睁地看着自己的钱一点点减少。 但掌握了这些规避风险的方法，我们就能将损失降至最低。

如何在经济危机中守护财产

"经济危机"虽然可怕，但在采取有效措施和正确方法的指导下，我们要渡过危机并不难。

"经济危机"对于我们来说早已不陌生。 2008 年的经济危机，导致全球经济增长缓慢，越来越多的企业陷入危机，裁员风一阵高过一阵，这让大家清楚地了解到"经济危机"的厉害。 那么，无论是在现在还是在未来，当我们身处经济寒冬大潮中时，该如何御寒呢？

这里介绍几个方法，实用性都非常强，或许对保护你的财产能有很大的帮助。

1. 保本投资，现金为王

海外金融危机往往会牵动全球股市下跌，金融体系的信用机制也是濒临崩溃。 在人们都注意到风险时，提高现金地位是财务规划中的最先选择，但多数投资者都忽视了现金部分同样需要管理。 在现金管理的方法上，提议将利率水平、降息周期、风险、收益、流动性、通胀等因素通盘考虑。

作为维持生活保障的最后一道防线，现金具有货币性和通用性，既可以作为支付工具，也可以自由流通，日常生活的大部分需求都需要以现金来交易。 此外，在股市投资中，当因市场暴跌而出现抄底的机会时，现金是不可缺少的"弹药"。 因此，保有一定的现金来保证日常生活和资金的流动，是现金管理的第一步。

现金管理过程中，便利和安全是最先需要考虑的，而银行的活储存款是最普遍的方式。

金融危机期间，降息是主旋律，适当地延长储蓄期限可更好地积累财富。 除了选择稳健的投资方法外，由于经济低迷时期的工资性收入和财产性收入都难有进步，所以还需要做减少或控制消费欲的配合。

2. 主动调整投资结构

经济的变化，会让我们对既定的投资计划进行不断调整，这就需要我们主动对投资结构进行调整。 投资者在追求金融资产高收益的同时，千万不要把投资的风险性抛到脑后，依据个人或家庭的财务目标，选择自己所需的理财产品组合才最现实。

对于个人资产应该配置的比例，通常来说，随着年龄阶段的不同也有不同。 随着年龄而改变配置是正确的，但需要根据市场大势进行调整。 随着年龄的变化，在市场不稳定的情况下，投资之前规避风险是最值得注意的事。

另外，由于保险产品具有其他理财产品所不具备的作用，所以可选择人身风险、财产风险等保险规划。

3.摊薄成本的投资方式

投资者要具备长期投资的理念，这样就有很长的时间去思考、衡量、审查自己的投资策略，减少风险。 长期定投是在目前行情中最保险、最受欢迎的方法之一，运用摊薄成本的投资方式，在面对市场变动时可更从容地面对，以降低损失的概率。 值得注意的是，投资者要想取得不错的收益，时间的选择是制胜的关键。 以基金定投为例，投资者可以选择在市场处于低谷时开始定投，在市场恢复后挑选适当的时机将其卖出，这样会获得较大收益。

当然，并非所有的投资种类都适用于长期投资法，比如周期性股票，由于行业和周期紧密相迫的缘故，因此很难确保未来几年能从行业低谷中走出。

尽管"经济危机"有时不可避免，但只要我们能采取正确的方法去应对，顺利渡过危机也不是难题。

让保险为你的生活护航

生活中，一些突然出现的变故，比如车祸、天灾、疾病等往往不期而至，而保险正是应对这些不可预测风险的最好助手。

保险虽然算不上最好的增值产品，也常常被大多数人所忽略，但它具有自己独特的保障功用，特别是在社会保障不能完全满足个人养老、医疗需求的条件下，我们可以通过购买一些保险，为自己和家庭未来可能发生的风险做一些基本保障。

以下是在购买家庭保险中的一些原则：

1. 优先为家庭支柱配置保险

保险首先选择为家里最重要的人买，应选择家庭经济主要来源人，比如说，现在三四十岁左右的男人。因为他们一旦发生意外，对家庭的经济基础将带来巨大影响，尤其是对一些家庭理财计划有良好规划的人来说，更是如此。打个比方，假如一个家庭有 30 万元的房贷，则购买保险金额最低有 30 万元的死亡及意外险是合适的。一旦家中的顶梁柱出现意外，可以通过保险来支付余下的房贷，不至于使家庭其他成员因为缺乏支付能力而无家可归。有的家庭因为担心孩子的未来，为孩子买了大量保险，这是不正确的。一旦家里主要的经济来源发生变故，再多的保险也没有用。

2. 科学合理地配置保险

我们在挑选保险品种时，应该优先考虑终身寿险或定期寿险，前者消费，主要可以避免遗产税；后者一般买到 55～60 岁，出于保障其他家庭成员的目的，尤其是孩子，在家庭主要收入者发生某种意外而自己却没有独立生活能力时，还可得到保障。

一般来说，一个三口之家，通过家庭主要收入者所负责任及生活开销，保额在 50 万元左右最为恰当。在寿险之外，同时还要考虑意外、健康、医疗等险种，一般威胁健康的大病保额在 10 万~20 万元之间。 总的来说，寿险及意外的保额以 10 年的生活费加上负债额最为恰当。 如果条件允许，购买类似的储蓄理财类的保障也是不错的选择，如子女教育金，或养老、分红类保险。

3. 理性对待保险

对年轻人来说，由于这类人群消费意愿较强，还可选择分红型的养老险作为强制性的储蓄，特别是在利率有上调预期的条件下，分红险可以部分对抗利率上升的风险。 但不管怎么说，保险必须以防意外为主，不是储蓄，更不是投资，不需要投入太多。 通常情况下，保费不能超过家庭年收入的 10%。

同时，我们在购买保险的时候，切勿贪小便宜，因为便宜的保险也许并不适合你，应考虑自身实际情况；也不能因为朋友亲戚是卖保险的，就在其劝服下听从他们的话；更不能临时抱佛脚，在出事后才想到买保险，这就违反了保险的诚信原则，一旦被发现有这种做法，还会承担相应的法律责任。

其实，保险是在为你的未来做铺设，它能免除你的后顾之忧。 一份真正握在手中的保险，是你未来生活的最大保障。

第四章
通往财务自由之路，制订自己的财富计划

绘制一张财务蓝图

财富就像一棵树，无论后来长得多么枝繁叶茂，但都是从一粒种子开始萌芽的。 如果在生活中绘制一张适合自己的财务蓝图，你的未来就会像蓝图上规划的一样慢慢成长。

一张财务蓝图看上去并不起眼，但在你成长的过程中，你会渐渐发现，绘制一张财务蓝图对自己获得财富来说是多么重要。

在绘制自己的财务蓝图前，对以下三个问题必须先确定答案：

（1）我的起点在怎样的位置上？

（2）我想要到达什么样的位置？

（3）我所拥有的资源能否使我达到理想目标？

只有回答了以上三个问题后，才能明确致富方向并实现目标。 有了适当的财富目标，并有明确的向目标前进的方案和计划，才能获得成功。

绘制财务蓝图，无论对家庭还是个人来说，都是必不可少的，没有财务蓝图，行动就没有计划，没有动力，事情成功的概率将大大降低。 在绘制财务蓝图时，必须要考虑到以下四个要素：

1.熟悉自我性格的特点

生活中每个人面对风险的态度各不相同，大致可划为三种：一种为风险回避者，避免风险，以求自保；另一种是风险爱好者，享受在冒险中获取意外收益；还有一种是风险中立者，他们对预计收益有一定的把握，可以不计风险，但追求收益的同时又要保证安全。

生活中，第一种人最多，因为大部分人都承受不起大量亏损，害怕失败。在众人的心中，只追求一个安全的尺度，但是往往是那些勇于冒险的人才能获得最大的收益。

将你的性格特点归纳以后，那么就按照风险的大小来决定合适自己的投资对象吧。

2. 知识结构和职业类型

创造财富必须在认识、了解自己的基础上决定投资。了解自己的同时，一定要认清楚自己所掌握的知识结构和适合工作的类型。

每个人要依靠自己的知识结构和特长来选择适合自己创造财富的工作：有的人在房地产市场如鱼得水，但在炒股票方面却完全无收益；有的人爱好集邮，轻易就学会了，不长时间就小有成就，但在房地产上却无论如何也做不好。

如果是知识层次较高、受过高等教育的人士，工作又具有专业性，你大可跟随网络时代的脚步，在知识经济时代利用你的长处，运用网络工具进行理财；如果你是从事艺术类专业的人才，则可利用你的书画天赋与当今时代结合，在这一投资领域一展身手，但这是一般外行人难以介入的范围；如果你是一名从事具体工作的普通职员，无须气馁，你完全可以从你熟悉的领域入手，寻找适合自己的投资点，如果你上班时间死板，不能集中精力在股市上，你就可以选择证券投资基金。投资基金是众多投资者的资金汇集而成的，由专门的经理人进行投资，具有风险较小、收益稳定的特点。

可见，人人都可以创造财富，但这也是一门学问，投资者只能从实际出发，踏踏实实，通过自己的才智和财商为自己创造财富，这才是一个聪明的投资者应该做的事情。

3.资本选择的机会成本

考虑了投资风险、知识结构和职业类型等各方面的因素和自身的特点之后，一些通用的原则在绘制财务蓝图中也格外重要。

（1）股票投资必不可少。 投资股票既有利于避免因低通胀导致的储蓄收益下降，又可避免高通胀所引起的货币贬值、物价上涨的威胁，并且在不可观的情况下还可迅速撤出投资，有进可攻、退可守的特点。

（2）反潮流的投资。 与别人相反地进行买入卖出，当别人卖出时买进，在别人买进的时候卖出，大多成功的股民正是在股市低迷无人入市时建仓，在股市热热闹闹时卖出获利。

（3）成本最低化。 透支信用卡是很多人在手头紧张时做出的选择，其实这是一种最为愚蠢的做法，这些债务往往是月复一月的复利，使得你最后债台高筑。

（4）建立家庭财富档案。 自己清楚自己的财产情况是不够的，配偶和孩子也应对自己的财产状况有所了解。 你应当尽量地使你的财富档案清晰且有条理，这样，即使你去世或丧失行为能力的时候，你的财产也会得到合理的分配。

4.收入水平和分配结构

选择财富的分配方式，也是绘制财务蓝图中一个十分重要的部分。你的财富总量是基础，在一般情况下，收入可作为总财富的当期支出，因为财富相对于收入而言是稳定的。在个人收入水平低下的情况下，对消费性交易需求较大的工薪消费者，用来投资创造的财富所剩极少，其财富的分配重点则应该放在节俭上。

以上几点充分说明了绘制财务蓝图对获得财富的重要性。但是当你绘制自己的财务蓝图时，反复考虑以上因素对财务蓝图的可行性有着不容忽视的作用。

把目标数字化

规划数字化的财富目标，计划在某个年龄获得某些财富，要达成某些具体的目标，以这个目标为前提，才能掌握执行的效率以及需要提高改善的部分，从而让你"美梦成真"。

衣、食、住、行、育、乐这几方面是我们大部分资金的消费方向，但是财富目标不单单是指这几点，它更看重的是长期规划，这些需要我们用时间去积累而获取消费的权利，比如房子、车子等。普遍来讲，大多数人的财富目标主要为：应急资金周转灵活、开创事业、购买房产、结婚成家、子女培养、退休养老等。这些目标没有重要性的分别，是通过人生的各个阶段与每一阶段的风险属性来决定的。例如在创业时资金的周转就比购买房产重要，退休养老时期的养老规划就比资金周转重要。

大多数人设立财富目标，无非是希望自己"非常有钱"，能赚很多钱等。但这样的目标太过于模糊，其弊端在于欠缺详细的行动准则，实现起来有一定困难。

设立数字化的财富目标，首先，可以从一张具体化、数字化的清单开始。如我想要买一套多大的房子，则应考虑自己是想要100平方米以上的还是20平方米左右的；是市中心的高级公寓，还是郊区的别墅？这样一来这个问题就被具体化了，而不仅仅只是"购买一套房子"。

其次，则是计算达到这些目标需要花的钱。因为物价间的差距，你必须算出你想买的东西的范围、价差。还是拿房子来举例，房价从几十万到几千万不等，你要明确最高价与最低价分别需要多少钱，而且要清楚你能够运用多少钱去购买。比如说"我要在3年内买一套70万的60平方米的小套房"，这样一来目标就清晰了，因为这个目标可以用"70万"的数字来衡量。

最后，从未来一步步推回到现在，计算为了实现目标，你需要做哪些努力和付出。比如3年后想买一套70万的60平方米的小套房，并且一次性付清，那么从现在开始，只有每个月的存款达到两万这个目标才可能实现。

由于我们每个人所追求的生活质量以及自身所处的工作环境等不同，所以财富目标也各不相同。对于同一个人来说，目标也会有短期、中期和长期的差别。

短期目标一般指一到两年可实现的，如去哪里旅游等；中期目标则指3～5年内才可以实现的，例如车和房的购买；长期目标便是一些较远的计划，如养老等。

但不管是哪一个级别的目标，都是要遵循具体化、数字化的要求，同时把实现这些目标的优先级别列个总表，不断提醒督促自己，对哪一个目标要采取何种措施。

在设定目标的同时，我们也要设定完成整个目标的期限，也就是说你在何时把它完成，详细规划完成过程的每一个步骤，设好每一步骤的具体期限，会达到事半功倍的效果。

在实现目标的过程中，你一定会遇到数不清的障碍、烦恼，它们可能使你远离或脱离既定的目标路线。因此，对自己未来可能会遇到的困难进行预测是必需的。应将它们逐一记录下来，加以综合分析，仔细评估风险，按照重要性先后排列出来，向有经验的人请教，最后找出合适的解决方案。

总之，越具体化的目标，越有助于我们实现自己的财富梦想。

调整和改善财富目标

设定目标很重要，但是设定符合我们自己的目标，并通过环境的变化随时调整我们的目标更重要。

目标在设定后并不是一成不变的，我们应该学习随着大环境和自身因素的变化随时改变目标。如果一味地追求错误的目标，即使你付出再多的努力，也只能是南辕北辙。

有一条河从高原由西向东一直流到渤海，一条鱼由渤海口逆流而上，它想去上游找一个水草茂盛的好地方，在那里定居。它抱有这个愿望多时了，一直坚信自己会实现这个愿望，因为它的游技精湛，在海里也游得很灵活，一会儿冲过浅滩，一会儿划过激流，湖泊中的层层渔网拦不住它，它还躲过了无数水鸟的追逐。它奇迹般地逆行过著名的壶口瀑布，最后穿过山涧，挤过石涧，游过了高原。可它还没来得及为自己的成就喝彩就结成了冰块。

若干年后，一群登山者在唐古拉山的冰块中发现了它。被发现时，它依旧是游着的姿态，有人识别出这是渤海的鱼。一个年轻人称赞，多么勇敢的一条鱼，它跨越千山万水，逆流而上，最后到达了高原。而一位老者却为之叹息，它徒有永不退缩的精神却没有找到适合自己的目标，盲目追求的结果就是死亡。

这个例子让我们明白，选准并调整目标是非常重要的。一般而言，遇到以下几种情况我们必须及时调整目标：

第一，环境整体的改变。任何人的目标都是特定时代、特定环境的产物，社会背景尤其是政策、经济和市场条件的差异，对我们的财富目标起着决定性的作用。例如中国的改革开放，这一政策让不少人开始认识到中国正在对外开放，打开世界市场，因此"下海"投资使他们成为中国市场经济前端的弄潮儿；而1997年亚洲金融风暴前，许多投资者完全没有意识到，一直被虚涨的楼市蒙蔽着，不断加大对楼市投资的人们完全没有调整投资目标的意识，最后倒在房地产的血泊中。

第二，投资方向与自身条件不符。若规划目标与自己的才能、性格、兴趣不吻合，那目标实现的可能性就非常小。 这时就该立即对目标进行相应调整，要及时获取新的信息，确定新的投资方向。 通常，扬长避短是确定目标的主要方法。

每隔一段时间，我们不妨检查一下自己达到哪些目标了，在哪些目标上还需要加强，由此让自己离目标更近一点。

但是检查自己的目标完成度不能太频繁，有些目标见效慢，如果每个月或每隔一两个月就检视一次，不仅会影响我们对目标正误的判断，而且也容易影响自己的心情，打击自己的积极性。

设定目标固然重要，但是设定适合我们自己的目标，学会对目标进行适当调整更加重要。

理财是现代人的必修课

理财重要吗？ 要想发家致富，你必须能正确地回答这个问题。

理财专家说：出生在富裕家庭的人毕竟是少数，而投资创业的成功概率仅为 7％，所以绝大多数的富人是靠理财致富的。

俗话说：吃不穷，穿不穷，不会理财一生一世穷。

理财过来人说：你不理财，财不理你。

专家说的，俗话说的，过来人说的，都不同程度地说明了理财的必要性和重要意义。

为什么有的人一辈子省吃俭用却还是落个"老来穷"，而另外一些人向来花钱大手大脚却还是不愁吃不愁穿甚至是富翁？为什么同样一个时代，同样一种经济环境，同样的年纪，有的人留下的是一大笔遗产，有的人留下的却是一屁股债？同样是富家子弟，同样享有一大笔遗产，为什么有的人败家了，而有的人的财富却像滚雪球一样越滚越多？造成这种天壤之别的重要原因之一，就是有的人重视并善于理财，而有的人轻视并拙于理财。

研究表明，人对钱产生概念性的认识大约是在两三岁的时候。在韩国，有一句很流行的话：金钱如氧气。韩国父母会在孩子很小的时候，就用这句话来教育子女。所以，发达国家的孩子，大都从3岁时就开始学习理财。美国的理财专家也把理财形容为"从3岁开始的幸福人生"。在英国，中学的正式课程中包括了教青少年如何处理他们的债务的内容；11～16岁的学生必修的一门新的课程叫"改善经济状况和理财能力"，旨在帮助年轻人应付离开学校后面临的经济压力。

在发达国家，一些家长会先让孩子认识钱的面额，然后了解钱的物质交换功能，慢慢地让孩子学会对金钱的积累、支配和消费，从而从小培养孩子的"财商"。简单地说，财商就是一个人在经济社会里的生存能力，可以判断一个人对获取金钱的敏锐性。因此，高学历、好成绩，并不能保证孩子在将来一定生存能力强、生活境况好，正所谓有的人"高分低能"。而真正决定一个人的生存能力和财富数量的，正是财商。而财商，从小培养效果最佳。也正是从这个意义上说，理财3岁不早。

在这个经济迅猛发展、财富需求强烈的时代，理财已经是一个不可缺少的人生重要课题。由于理财越来越重要，社会已经进入了一个强迫理财的时代，并不都是为了赚大钱才去理财，如今社会的生存条件和财富的快速涨跌都逼着我们要去理财。因此，规划钱财犹如规划自己的一生。学习理财，已迫在眉睫。

授人以鱼，不如授人以渔。给人钱财或是向别人要钱，都不如教会别人或是自己学会如何投资理财。毕竟再多的钱都有被花光的一天，可是懂得理财，就可以使有限的资产不断累积，而正确的理财观念才是最有价值的财产。要培养理财能力，先得改变观念，树立理财意识，正确认识金钱，突破贫穷思维，像富人一样思考，以便日后能走上财务自由之路，享受财富、成功、自由、幸福的人生。

家庭理财善用"向日葵法则"

成熟市场的研究表明，85％以上的长期投资收益率是由资产配置决定的。对个人投资者而言，家庭理财更应重视资产配置的作用。国泰基金指出，家庭理财要善用"向日葵法则"进行资产配置，以"花心"和"花瓣"两类资产的配置组合，开出靓丽的投资之花。

据了解，"向日葵法则"是指通过"花心"和"花瓣"两部分资产的合理配置，实现理想的投资结果。"花心"是指投资组合的核心，是整个投资组合的基础。因此，投资者应首先配置好"花心"部分的资产，确定整个投资组合的基本风险收益特征以及组合的稳健性。 然后，再通过选择"花瓣"资产，根据市场环境的变化，灵活调整投资组合的收益水平。

配置"花心"资产，应以抵御投资风险、获取稳定收益为目的。 因此，在投资品种的选择上，"花心"资产可以包括长期绩效稳定、波动低的债券型基金、混合型基金等。 而在投资期限上，可以通过中长期持有，获得较稳定的投资收益。 同时，"花心"资产的投资比例，应占到整个投资组合的一半以上，以保证投资组合的稳定。

而"花瓣"则要根据市场环境灵活把握市场机会，因此，配置"花瓣"资产应与"花心"资产形成互补。 投资者可以选择风险较高的股票型基金或指数基金作为"花瓣"，以获得较高的投资回报。 在投资期限上，可以采取中短期持有的策略，灵活把握市场变化，以提高整个投资组合的收益水平。 "花瓣"资产的投资比例可占投资组合的 20％到 30％。

家庭资产配置的 4321 法则

一般说来，在进行资产、负债配置时，有两个指标可以参考，一个是资产负债率，该比率在 70％以下属于安全状态；另一个指标是房贷的月支出在月收入中的比例，50％以下为可控范围，如果超过了这个范围，你就有必要考虑重新调整自己的资产配置了。

在网上很多论坛中，最多的就是关于做股票的帖，很多人在这里发表自己对于大势的观点，对于个股的评论，也有很多人来咨询自己手里的股票如何，还有炒黄金、期货的人也发表对各自领域的观点。但是，股票也好，黄金、期货也好，都只是一种投资工具，这些活动都是投资。而投资，只是家庭理财的一部分。不幸的是，现在很多人把投资等同于理财，以为自己买了点股票，就是在做理财了。这种观点是非常片面的，甚至是错误的。如果在这种观点的指导下来做理财，很可能在一些时候，不但不能实现家庭资产的增值，还会导致资产的大幅缩水。

那么应该怎样来做理财呢？有一个调查大家可能不知道。经过研究美国90个退休基金（世界上资产实力最雄厚的就是退休基金）连续10年的投资业绩发现，决定它们长期投资绩效的因素中，预测进出场时机仅占2％，选股能力占5％，投资成本占2％，而资产配置则占91％。看到这里，大家就可以发现，平时某些人经常挂在嘴边的诸如自己选股选得如何好，买卖时机掌握得如何好，等等，是多么可笑！

一个大机构都要把资产配置放在最重要的位置来考虑，更不要说我们的一个小家庭，难道一个家庭比掌握几十亿甚至几百亿资产的机构具有更强的抗风险能力吗？

所以，从某种角度来说，理财，最重要的就是如何配置好家庭资产。

有一种风行世界几十年的理财法则：4321法则，具体来说就是：40％的家庭资产用于投资，30％用于日常生活开支，20％用于储蓄，10％用于保障。这里也可以把家庭资产换成家庭年收入，同样适用。从年收入5万元的个人，到年收入500万元的家庭，基本上都适用于这个法则，当然具体到每个家庭，这个比例可以有一定的灵活度，毕竟每个家庭的情况都不太一样，但是，大致上的比例是差不多的。

要对这四个方面展开叙述，每个方面都需要很长的篇幅，下面简单说一下这四个方面：

（1）投资：包括房产、股票、基金、黄金、期货、收藏等投资活动。为什么要做投资呢？这是为了让家庭资产能够抵御通货膨胀，因为从长期来讲，银行实行的一定是负利率，也就是利率一定会比 CPI 低。对于收入比较高的家庭，投资活动是为了让你早日实现财务自由。所以，一般的家庭，不要对投资收益率有太高的期望，能够战胜 CPI 即可，不要老想着一年资产翻番，期望越高，失望也越大。

（2）日常开支：如果你发现你 30% 的年收入不足以应付日常开支，那你要好好检讨一下了，钱都用到哪里去了？建议每个人都养成记账的习惯，这样可以更好地控制自己的消费欲望。

（3）储蓄：存钱是为了应付不时之需，所以，银行账户上还是要留一些钱的，但是存钱也有讲究，很多人发了工资之后就把钱放在活期账户上，用多少取多少，剩多少就"存"多少。在理财中，活期存款根本就不能叫作存钱，更不能叫作理财，试想一下，放在活期账户上，跟放在家里床底下有什么区别？只不过你家床底可能有老鼠和蟑螂，银行没有。储蓄的方法，有阶梯式储蓄法，还可以购买货币式基金。

（4）保险：包括家庭财产险（车险也是其中之一）、人身险，这里说的都是商业保险。有些人会说我已经在单位交了社保，还买什么保险？保险公司都是骗人的！买保险是浪费钱！死了就死了，有保险也不能让我活过来……其实不管买不买保险，我们每个人都已经投保了，区别只是你是跟自己的钱

152

包买保险呢，还是跟保险公司买保险。 风险发生的时候，是自己赔钱给自己呢，还是保险公司赔钱给你。 保险其实才是理财中最重要的一环，虽然它占的份额最少，但是，它是整个家庭理财的基础，是你构建家庭资产金字塔的地基。 如果没有这个基础，就算投资做得再好，收入再高，一旦风险来临，一切都得重新来过，甚至很可能连重来的机会都没有了，还要给家庭留下一大笔债务。

为什么资产配置这么重要呢？ 因为一个家庭的资产如果配置不当，那么在做投资时，就很可能会影响到你的心态。 如果没有保障，那家庭资产就随时处于一种不安全的状态，不知道什么时候就天灾人祸降临，后院起火，这样又怎么能够好好工作、好好投资呢？ 如果储蓄没有做好，你会在急需用钱的时候，不得不中断自己的定期存款，损失利息。 如果家庭开支过大，那就占用了别的方面的资源，短期来看你活得很潇洒，但是几年之后，你会发现做好理财的人，生活品质已经有了很大提高，而你却还在原地踏步。

不同的人生阶段需要不同的财务规划

不同的财务规划适应于不同的人生阶段。 划分人生的财务规划阶段，明确其各自的特征，有利于不同的人在不同时期制定符合现状的财务规划，是人们合理支配资金的前提，能为致富提供有效保障。

在人生的不同阶段，我们有着不同的财务烦恼。年轻的时候，要为成家立业操心；人到中年要支撑全家上下；到了退休又要惦记养老问题。所以人生不同阶段的财务规划就起到了大作用。

人的一生可被看作五个阶段，分别为单身期、家庭形成期、家庭成长期、家庭成熟期和退休期。

单身期一般为 2～5 年，一般是指参加工作到结婚这段时间。由于这个阶段的经济收入不高，消费大，投资重点集中，主要是积累经验。所以储蓄显得尤为重要，为成家做积累，又可以为进一步投资准备本钱。

普遍来说，单身期要拿出收入的三分之一支付生活费，如房租、水电费、通讯费、日常用品支出等。这些生活必需品用来保证最基本的生活需求。然后，储蓄应占收入的 10%～20%，而且你的储蓄量要能保证 3 个月的衣食住行。否则，如果你一点积蓄都没有，一旦工作出现问题，生活会立刻陷入麻烦。

至于剩余的钱，你可以依据自己的生活目标，有侧重地消费在不同的地方，例如服装打折时可以购买自己喜欢很久的服装，或用于朋友聚会的开销等。这样有计划地用钱，不会使钱一下全部用完。

这个阶段，由于收入不高，最重要的应该是开源。节流作为生活的一部分，起大厦地基一样的作用，而关键是怎样才能财源滚滚、开源有道。为了达到这个目标，你必须不断进步以求发展，提高自身实力，这才是真正的生财之道。

结婚后的 1～5 年是家庭形成期，这一时期大部分为结婚到孩子出生。由于该阶段的经济收入增加且生活有规划，所以此阶段的财务规划重点应为家庭建设支出提供支援，控制非生活必需品的消费，例如旅游娱乐与奢侈品购买。

由于此阶段家庭的收入比单身时期多，所以这个阶段"节流"比"开源"更重要也更实用。这时期需要控制每月支出，储蓄资金。

家庭成长期是指从孩子出生到进入大学这一阶段，该时期的最大支出是子女教育、保健医疗等。

这一阶段，只要合理规划投资，定会取得很好的收益。应将资金合理应用于基金、保险和国债等各个投资方案，对保险的选择应考虑定期寿险、重大疾病险及终身寿险。随着收入和储蓄的增加，家庭中每年应保持按年收入 10% 的比例投入保险才算合适。

在投资方面可选择进行风险投资，保险的选择偏重于教育基金、父母自身保障。这一阶段子女的教育费用和生活费用支出是最大的，财务上的压力通常比较大。那些理财已获得成功、积累了一定资金的家庭，可继续发展投资事业，创造更多财富。而那些投资失败、仍未富裕起来的家庭，则应把子女教育费用和生活费用作为投资重点。

家庭成熟期指子女成年工作到家长退休为止这段时期，一般为 25 年左右。

这一阶段，人自身的工作能力、经济条件都达到最佳状态，子女已脱离父母供给，父母经济压力已逐渐减轻，是积累财富的最佳时期。因此财务规划的重点是加强，但不宜过多选择风险投资。此外还要保留一笔养老资金，养老保险是较稳健、安全的投资工具之一。

退休期的财务规划应主要以养老保障为主，投资和消费都比较保守。 财务规划的基本原则是身体、精神第一，金钱第二。 保本在这一时期比什么都重要，不要进行新的投资，尤其要停止风险投资，而应以债券、安全的银行理财、温和保守型投资为主。

只有拟定好人生每个阶段的财务目标，才能高质量地生活。

选择最适合自己的家庭理财方式

不管夫妻如何分工，都是出于能更好地管理自己家庭财务的目的，都是为了幸福生活所作的安排。

由于性格的不同，夫妻二人在管理财务上也有各自不同的看法，但是只要其中有一个人在这方面有些优势，家庭财务就应该交给这个人来进行管理。 依据不同的家庭情况，有下面三种不同的管理模式：妻子理财型、丈夫理财型和夫妻分别理财型。

一般女性的心思比较细腻，善于观察且有足够的耐心，思考问题时出发点多，所以在平时管理财务上有很大优势。 同时，女性一般有较强的直觉，她们似乎有这方面的天分，所以在投资理财时，对女主人的预见性建议应当着重予以考虑。

不过，女性普遍偏保守，安全性是她们最看重的方面，她们一般不会选择进行风险投资，而是青睐保险和储蓄。 另外，很多女性对丈夫的依赖性过强，什么都要丈夫点头才敢做，魄力不够，果断的判断力是她们所缺乏的，一旦遇到投资机遇，她们往往犹犹豫豫，从而错失了良机。从这方面看，大多女性不太适合风险投资。

相对而言，丈夫就比较有魄力，在做风险投资上与女性迥然不同，他们的及时决断，常常会给家庭带来不错的收益。而且，丈夫相对比较理性，花钱的时候也会从客观的角度来看是否需要，而女性在逛街时就会因缺乏理性而过度消费。大多男性的逻辑思维、推理能力都比较强，所以在做财务分析时能够更明智。可是丈夫常常忽视生活中的财务细节，缺乏耐心，就这一点，大多数男性不适合平时的财务管理。

其实，在家庭中完全可以以夫妻分工的形式，通过各自的优势和特长来共同管理财务。妻子可以管理日常的花销，负责一些小的支出，而丈夫可以在大的风险类投资上做决定。这样各取所长，再将资金汇集在一起，财富会越来越多，还会增加夫妻间的信任。

这种情况相对普遍，但也并不排除其他的可能。如果你认为寻找理财规划师来管理你的家庭财务，或者由一方理财更有优势，甚至是请教理财方面非常有见解的专家，都未尝不可。

无论选择哪种方式管理家庭财务，都应注意以下几点：

1. 尊重对方的财务观点

由于婚前两个人来自不同的家庭背景，这使得夫妻之间的财务观念不同，消费观念有很大差异也不是稀奇的事。对于刚刚新婚的两个人来说，在理财或花钱的观念上有分歧是很普遍的问题，此时你所要做的，就是尊重对方的想法，有再大的分歧，争吵是不能解决问题的，你应该做的是要在今后的共同生活中与对方逐渐磨合并适应对方的想法。

2.尽量理性消费

夫妻双方刚开始一起生活，可能不能及时改正过去一些消费方面的坏习惯，这一点是两个人财务管理的大忌。坏习惯是必须要改掉的，应将各项消费保持在合理范围之内，不要在不需要或不合适的地方花钱，更不要为了面子和义气打肿脸充胖子。如果发现对方的消费不合理，可以通过沟通，提出改善建议，这样两个人的生活才会更有"财"。

3.建立家庭账簿

建立家庭账簿，为预算支出和收入做规划，这些资料将对你以后的花销有很大的参考价值。别小看这一本家庭收支账簿，通过它，你可以了解每月家庭的具体财务收支状况，对家庭的经济收支做到了如指掌。

4.及早计划家庭的未来

为了你们的幸福生活，在蜜月期间可对未来作一些合理规划和设想，尤其是应制订一个理财目标，为家庭计划绘制好一张理财蓝图。

总之，不管怎样分工，都是出于能更好地控制和掌握自己的家庭财产的目的，以便更快地过上幸福的"财富"生活。

提前规划晚年生活更安全

养老规划是一个长期规划，应尽早开始，就算开始规划的时间起步稍晚，也总比等到退休才考虑养老问题要好。

人人都希望自己有一个高质量的晚年生活，为了能够快乐无忧地安度晚年，就需要我们提早开始进行养老规划。

中青年在准备养老金方面，应注意两点：一是怎样对手头的资金进行投资，二是怎样分配每月的结余。 如果能将这两部分资金合理运用，积累足够的养老金自然就容易了。

让我们通过事例来了解该怎样规划我们的老年生活。

43 岁的孙先生和同龄的太太生活很富裕，年薪加起来 26 万余元，每年年底还有总共 50 万元的奖金。女儿准备在 6 年后出国留学。他们的家庭每月支出在 8300 元左右，夫妻俩分别投有寿险和意外险，并且随机投了一份综合险，加上家庭财产险等，每年的保费总支出为 3 万元。除去其他各种不稳定费用 3 万元左右，每年能有约 44 万元的现金收入。

孙先生家有一套现值为 150 万元的房产作为居住房。夫妻俩没有炒股经验，也没有买过基金或债券，他们把余款都存在银行，现有活期存款 5 万元，定期存款 40 万元。孙先生和太太希望有较高的养老生活质量，并希望至少不低于现在的生活质量，而且由于两人健康状况不佳，他们希望10年后能够提前退休。

人在40岁时，家庭一般处于成长期，工作和生活已经走上正轨。对于此前已经通过投资积累了财富、净资产比较丰厚的家庭来说，不断增长的子女培养费用不会对生活质量造成影响，也有足够的奖金可解决一般性的家庭开支和风险，因此可以抽出较多的余钱来尝试投资大的事业。这类人属于积极投资分子，努力通过多种投资组合使现有资产有更大的增值空间，以不断充实自己的养老金账户。但是养老规划一般来说应该稳步前进。针对这一年龄阶段的特色，专家指出，制订养老计划可分为三步。

第一步：估算需要储备的养老金。

日常开支：现在孙先生家庭每月的日常开支为8300元。假设通胀率保持年均3%的增长幅度，用年金终值计算法来计算，退休后孙先生家庭要保持现在的购买力，老两口共需要167万元的费用。

医疗开支：由于孙先生夫妇健康状况不佳，又没有投买任何商业保险，所以医疗方面的开支是合计金额最大的一部分开支。假定两人退休后平均每人每年生病4次，每次看病需花费3000元，那么27年看病的总花销就是64.8万元。如身体不好还需要护理照顾，假设每人每月护理费为1000元，那么27年总共需要的护理费是64.8万元。这样一来，孙先生夫妇的养老金中仅医疗费就高达 130 万元。

旅游开支：初步设定一年 2 次旅游，平均每次花销 1.5 万元，总共所需的旅游费用为 81 万元。

综上所述，孙先生家庭所需的养老费用大约是 378 万元。

第二步：估算未来能积累的养老金。

我们来算算孙先生夫妇从现在开始直到 80 岁，总共能拥有多少资金来作为养老所用。

孙先生夫妇的收入来源很单纯，以下面两个方面为主：

工资收入：目前孙先生和太太离退休还有 10 年，10 年中能储蓄的工资收入为 22000 元 ×12 月 ×10 年，即 264 万元，算上 10 年的年终奖金 50 万元 ×10 年，即 500 万元，合计为 764 万元。

存款收入：假定年平均利率为 3%，还有 10 年的工作时间，孙先生的定活期存款 45 万元在存 37 年后本息总计为 134 万元。

但是，在孙先生夫妇收入高的同时，支出也很高，还有女儿留学等更需要用钱，所以，我们假定上述共计 898 万元的总收入当中有 30% 可以保留下来用作养老，这样一来，夫妇俩能够为自己储蓄养老金也就只剩 270 万元。

此外，孙先生夫妇目前住的房子市值虽然高达 150 万元，但因为这处房子是自己居住，并非是投资性房产，所以，不被包括在养老费中。

第三步：估算养老金的缺口。

把所需的养老金数目和能够存储的数目相减，得出的结果是相差 108 万元。

所谓"量入为出"，收入和支出必须保持平衡。从上述案例中可以看出：即使孙先生一家资产雄厚，但距离高质量的养老，仍存在不小的资金缺口。这就告诉我们，无论你目前的家庭财务状况是否富裕，如果不能做一些预期规划的话，还是有"入不敷出"的可能。

提早开始养老规划，将有利于我们退休后过上富裕且有尊严的生活，尽享晚年生活的休闲时光。

第五章

创业：实现人生价值，成就个人财富

认清自己，选择创业方向

不管你创业的初衷是什么，创业的起步基础如何，创业投资之前你都应该先分析一下自己，认清自己属于哪种类型的创业者，评估自己的创业能力，在此基础上铺开创业之路。

要了解自己，可以问自己以下几个问题：

我的特长是什么？

我对什么感兴趣？

现在我了解什么？

我愿意去了解什么，学习什么？

一般来说，在我们擅长的领域或感兴趣的领域，我们更容易获得成功。因为你熟悉这个行业的创业方式，你在工作中也积累了一定的经验，这样在创业时就可以少走弯路。在许多成功的创业者中，他们所选择的行业都是老行当或与所从事职业密切相关的行业。

除了兴趣外，还要选择有市场前景的行业。概括地说，就是选择朝阳行业，选择市场的空白点，以及在尚未饱和的行业选择创业。

同时，做任何选择都不能脱离自身条件。比如房地产开发，需要大资金运作；软件开发，需要较高的知识技术背景。如果脱离自身条件进行创业，草率行事，那么等待你的很可能是失败。 当然，条件不具备，并不等于你不能创业，你可以创造条件：积累资本、学习技术、掌握经验，准备越充分，你创业的胜算就越大。

在对自己有了初步的认识后，创业者可以根据创业类型选择自己的创业方向。 一般而言，创业者分为四大类型：

1. 生存型创业者

在我国的创业者中有近90％属于生存型创业者。 生存型创业者大多为下岗工人、失去土地或因为种种原因不愿困守乡村的农民，以及刚刚毕业找不到工作的大学生。 这是目前数量最大的一拨创业人群。 这一类型的创业者中，许多人是被逼上"梁山"，以谋生为目的。 一般创业范围均局限于商业贸易，少量从事实业(多是小打小闹的加工业)，当然也有因为机遇成长为大中型企业的，但数量极少。

2. 变现型创业者

就是以前在企业当领导期间聚拢了大量资源的人，在机会适当的时候，下海开公司办企业，实际是将过去的资源和市场关系变现，将无形资源变现为有形的货币。

3. 主动型创业者

分为两种，一种是盲动型创业者，一种是冷静型创业者。前一种创业者大多极为自信，做事冲动。 这样的创业者很容易失败，但一旦成功，往往就是一番大事业。 冷静型创业者的特点是谋定而后动，从不打无准备之仗，或是掌握资源，或是拥有技术，一旦行动，成功概率很高。

4.赚钱型创业者

这类型的创业者除了赚钱，没有其他明确的目标。 他们不计较自己能做什么，会做什么。 可能今天在做着这样一件事，明天又在做着那样一件事，他们做的事情之间可以完全不相关。 但奇怪的是，这一类创业者中赚钱的并不少，创业失败的概率也并不比那些兢兢业业、勤勤恳恳的创业者高。

以上四种创业者类型，你属于哪种？ 准确找到了你的位置，以后创业的目标才会清晰明确，创业之路才会一马平川。

经验的积累，是创业不可省略的前提

"没有金刚钻，别揽瓷器活"，对于一个创业者来说，没有足够的经验，怎么能轻易地进入商海？ 成功源自你平时的积累，有了经验，有了创业的素质，你才能更快地进入状态，才能在创业的路上走得更平坦。

既然经验的积累如此重要，那么在日常生活中创业者该如何积累经验呢？

1.利用好图书馆

创业者在创业中必须先积累相关的专业知识，而图书馆正是能提供给你这方面知识的良好场所。 在阅读的过程中，有必要的地方，你可以记录下来，在平时的闲暇日子多翻翻。 有了足够书本知识的积累，你不但会形成有体系的创业思维，而且还能为你打开眼界。

2. 利用好报纸媒体

现在无论是报纸还是网上，都有不少关于创业方面的资讯，如《21 世纪人才报》《21 世纪经济报道》"中华英才网""中华创业网"等，都能为你提供一手的创业信息。 很多新鲜的事物、想法、点子可能就隐藏其中。 除此之外，丰富的创业案例和知识，也能为你进一步补给养分。

3. 利用好工作经验

在创业之前，很多人选择就业。 人们常说"欲创业，先就业"，一是因为没有资金，二是因为没有经验。 为他人打工几年，积累足够的工作经验，对于创业者来说是十分必要的。 工作几年后，他们已经对本行业的情况足够熟悉，收集信息、整合资源的能力大大提高，也构筑了自己的人际网络，再加上有了可以创业的资本和人才，就真正具备了创业者的素质。

3721 公司创始人周鸿祎就是通过这种走曲线道路的方法来创业的。 他说："时机不成熟，就不创业，先给别人打工。 把公司让我做的事情做好，提高自己的能力，逐渐地就知道创业的方向了。 我不赞成年轻人刚毕业就创业，我认为他们还是应该在公司里踏踏实实干五六年。 虽然是打工，实际上是公司在给你'缴'学费，你通过不同的平台积累经验——这是任何老板都剥夺不走的。只有积累了这种经验，你的创业能力才更强，创业才更有把握。"

4. 利用好身边的成功人士

不用去寻找什么创业大师，你身边可能就有很多有创业经验的人。如果你留心观察，你会发现，在他们那里，你可以得到很多的创业技巧与经验，而且更直接、更真实。这些经验要比书本更能带给你启发，也更符合现实。

另外，你平时就应主动接受职业价值观方面的教育，并进一步了解自己的兴趣、特长，为今后选择创业、确定职业目标奠定基础。几年的工作经验，将会让你对专业领域里市场的需求和发展前景有更好的把握，并能在实践中不断自我反馈，不断调试自己的创业方案，以初步确定适合自己的职业选择。

以上就是一些积累经验的方法，而经验必须是在经历了兢兢业业的工作、不懈的努力之后，提炼出来的心得。除此以外，作为一个立志创业的人，你必须拥有明确的目标、充足的干劲以及活跃的思维。这些在你的创业过程中，一个都不能少。

做好市场调查，不打无把握之仗

"知己知彼，方能百战不殆"，兵法上的战术，亦可利用到商场上来。 创业，就是在向其他的经营者挑战。 没有做足市场调查，你就发英雄帖，可就太冒失了。 市场上蕴涵着千百种信息和资源，很多都需要你在创业前掌握和了解。 如果你只是在那里闭门造车，不了解市场行情，恐怕一到市场上就会被人挤出来。

不打无把握之仗，这对于每个创业者来说都至关重要。

市场调查能帮助你从客观的角度把握市场环境，加深对即将从事行业的了解，进而了解顾客的需求。 而且往往在调查的过程中，创业者能发现新的市场和需求。 同时，还可以及时掌握竞争对手的经营状况，洞悉对方产品或服务的优缺点，以供之后自己创业参考。

该如何进行市场调查呢？ 你可以按照如下步骤进行：

1. 明确调查目标和问题

开始调查之前，你首先应明确调查目标，确定调查的市场范围，然后拟定调查问题、调查对象，如消费者群体有多少，市场上需求情况如何，同类竞争者的情况，这些竞争者是如何分布的，他们的产品都有什么特点，等等。

2. 开始调查

你应当通过实地市场调研考察、搜索网络、咨询相关消费群反馈等方式收集相关信息，这样一来，你就能获得初级资料。 接着，寻找那些业界的成功者，仔细观察他们的经营方式、特点等，作为你创业的参考模板，如此，你将获得更多有价值的信息。

3. 专业咨询

除了收集资料，你还应当征求一些专业人士的意见。比如向身边认识的有关专家和精通该行业的人员咨询更深入的信息，以加深对行业内背景信息的了解。但是需要注意的是，只能把专家的意见作为参考，不能过分迷信。

4. 整理和分析资料

资料收集完后，还需要对这些资料进行后期的编辑整理，核对资料是否有误差，或者是否偏离了你的预期。再结合上面的全部资料，得出最终结果。

在调查过程中，你可以采用如下调查方法：

1. 询问调查法

这是一种专门针对市场上的消费群体而进行的调查方法。调查人员通过面对面交谈、打电话、发邮件等方式，询问被调查者问题，以了解市场情况，获得商业信息和材料。

2. 观察调查法

观察法，是调查者亲临现场进行实地调查并记录相关数据或经验的方法。它最直观，也最能反应竞争对手的实际情况。客流量的多少，营业额大概多少，商品的价格如何，服务态度如何，是否还有潜在顾客，他们还有哪些地方需要改善等，都是调查者需要注意的问题。

很多成功的企业家都非常注重市场调研，每隔一段时间就要到市场上看看。在他们眼中，市场是检验企业产品的炼炉，在那里，企业产品的优势与不足都能清楚地展示出来，并且还能发现产品的发展趋势。企业可以根据这些改善经营策略，使企业始终在竞争中占领先机，立于不败之地。

市场调查对于企业来说是非常有价值的行为，你不需要花太多的钱，就能掌握市场上最真实的信息，就能规划出自己下一步的发展方向。这点对于每个创业者来说，都非常重要。

顺势而为，创业需要与时俱进

想创业成功，顺势而为是必不可少的。如果你跟不上时代的步伐，推出的产品在市场上早已泛滥甚至过时，怎么可能会赚钱呢？

为了时刻保持与时代接轨，学习是必不可少的。

首先，创业者要养成良好的自学习惯，要有固定的时间和固定的地点进行自学。

其次，创业者要按自己的需要，划定泛读范围，阅读大量的相关书籍，拓宽自己的视野，以达到广采博收之效。

再次，创业者需根据自身的目标要求收集各种形式的学习资料，包括书籍、文献、杂志、报纸、录音带、电子网络中的资料、电脑软件等，以便在工作中应用。

然后，创业者需要精选对自己有价值的资料，下功夫读懂、读透，使之真正成为自己拥有的知识。

最后，创业者可以借用别人的头脑"读书"。要学习的内容很多，而每个人的学习时间又极其有限，解决这一矛盾，除了自身努力外，还可借助别人的力量。

接下来，介绍三种如今十分流行的创业方法，供创业者学习借鉴：

1. 利用互联网赚钱

如今的时代是网络时代，网络无时无刻不在改变世界，网络给我们提供了宝贵的机会。

一般来讲，利用网络赚钱的方法大概有以下几种：

(1)销售产品——直接在网上销售产品，如网上商店。

(2)有偿信息——向客户提供资料信息，如信息、咨询中心。

(3)中介服务——通过多种形式引荐他人购买物品或购买服务。

(4)刊登广告——直接在网上制作发布个人或者单位的广告。

2. 跟随宠物经济的步伐

随着养宠物的人不断增多，宠物经济也越来越受到人们的关注。在宠物经济这块大蛋糕的瓜分远未尘埃落定的今天，涉及宠物的方方面面，都会成为新的创业"淘金地"，孕育着蓬勃的商机。

跟随宠物经济赚钱有以下几个途径：

（1）开宠物食品店

民以食为天，动物也不例外。宠物食品除了饼干、饲料、干燥鸡肉、鱼虾罐头等主粮外，还有给宠物们换口味的休闲食品。

如果经营者能抓住宠物主人的实际需求，在居民小区或宠物医院附近开一家宠物食品店，既可以方便有宠物的居民，又可以增加自己的收入，是个不错的选择。

（2）开宠物美容院

开这样的店投资较大，不但要找到合适的店面，配备专门的设备，还得招聘专业人员。提供的服务多种多样：洗剪毛发、修爪子、烫染尾巴等，美容师还可以用宠物专用的精致器械和美容用品，在猫、狗宝贝出游前为它们化个"靓妆"。

（3）办宠物"托儿所"

如果你有一个大的庭院，又喜欢热闹的话，开家宠物"托儿所"是个致富的捷径。常言道"需求即市场"，现在有许多单身的都市白领常因临时出差或阶段性工作太忙，无暇照顾宠物而一筹莫展。经营宠物寄养业务，由专职人员对"临时居民"精心调教、喂养，让它们和其他同伴一起吃喝玩乐，既解除了主人的后顾之忧，又让小宝贝受到专业的训练，收费合理的话，当然广受欢迎。

3. 新生儿，孕婴市场有"钱"途

当前，在新的生育政策的鼓励下，越来越多的婴儿出生，这无疑会产生庞大的市场需求。

对个人而言，要想借助宝宝的福气赚取钞票，一个重要的选择便是开一家宝宝用品店，只要做好相关的准备且有一定的开店经验，便能收获财富。

那么，要如何做好一家婴儿用品店的营销呢？

（1）商品力求全而新。 婴儿用品商店首先要以齐全的商品来吸引顾客，从而免去妈妈们分别采购的麻烦。 在商品的选择等方面，要根据一些大型商场或顾客的反映，及时更新换代。 同时，还可依照客源、年龄段，对中高档产品进行合理搭配。

（2）服务态度要好，这是永远不变的商业信条。 对待顾客，应提供力所能及的服务，比如为顾客提供选购意见等。

（3）档次定位要明确。 婴儿用品有诸多品牌，应该遵守"名品进名店"的原则，根据店的定位，选择相应档次的产品，以迎合消费者的购买心态。

（4）不要和小区内现有的消费项目形成冲突，能够在一段时间内保持独家经营的状态，如果操作得好，先入者能够处于婴儿用品专卖店的核心位置。

（5）建立婴幼儿档案，根据档案记载的资料做好售后服务或者销售跟进工作。 在婴幼儿生日之际予以问候或者赠送小礼品，也可以开展电话销售，方便那些工作繁忙的顾客。

（6）和小区的幼儿园建立一定的合作关系，不但可以在幼儿园张贴一些新产品的宣传画，而且幼儿园本身也是直接消费者的集中地。

除了以上这三种现在十分流行的创业产业外，懒人经济、环保产业等也十分受欢迎。 无论我们进行哪方面的创业，都不能忘了顺势而为，要时刻走在时代的前沿或跟随时代的步伐。

合伙创业，慎重不可少

俗话说"一个好汉三个帮"，刘备、关羽、张飞拧成一股绳才有了三分天下。创业路上找一些志同道合的人结伴而行，将解决你单打独斗的许多麻烦。尤其是在这个竞争日趋激烈的时代，合伙让你的创业之路从不可能到可能，从小打小闹到大规模作战。

但是，如若合伙人之间发生内讧，也会使创业之路难以为继或使创下的基业毁于一旦，所以合伙创业要慎重，特别要处理好以下几个问题：

1. 理清选择合作的原因

当单个创业者没有足够的力量撑起创业大旗时，可以找一些人合作。合作可以使项目很好地发展实施，合作可以使合作双方资源共享，可以使自己变得更强大。合作方式有：项目与项目的合作；项目与人的合作；项目与技术的合作；项目与资金的合作；项目与社会资源的合作。

2. 合作目的与目标

创业合作要有相同的目标，因为有了共同的创业目标，才能走到一起来，所以目标的一致与否对合作有着很大的影响，也是能否找到合作伙伴的重点。 利益的合理分配是合作伙伴选择你的主要原因。 当你有了任何一种资源的时候，在选择合作者时，看中的合作伙伴必然有很好的可合作资源，这种资源就是你的合作目的，目标是在行业中的定位，有了清楚的合作目的和目标，合作才会顺利。

3. 合作伙伴的职责

合作初期，创业合作者要明确合作伙伴的各自职责，不能模糊，要能拿出书面的职责分配方案，因为是长期合作，明晰责任最为重要，这样可以在后期的经营中不至于互相扯皮，推卸责任。 好多创业合作中出现的问题，都是因为责任不够明晰导致的。

4. 合伙投入比例利润分配

合伙投入比例是合作开始双方根据各自的合作资源作价而产生的。 因为投入比例和分配利益成正比的关系，也要书面明确。 当然，根据经营情况的变化，投入也要变化，在开始的时候，就要分析后期的资金或者资源的再进入情况。 如果一方没有融资的实力，那另一方的投入会转换成相应的投资占有股，来分配投入产出的利益。 应该根据合作双方约定的书面分配合同，分配双方的利润。

5. 合伙人之间的信任

大多数合伙人初期都是以情意为重，这会直接导致一些合作细节模糊不清，这将是创业中非常不利的因素。 如果出现问题，没有一个解决办法，互相推诿，就会留下一个烂摊子，无人收拾残局。 创业中正确的做法是，将朋友和亲人之间的合作建立在商业的基础上，用商场的解决方法去解决合作纠纷，一切的合作细节都及早预防，提前明晰，一切合同化，创造一个良好的合作平台。

所以，当选择合作创业时，除了注意到它的好处外，更要处理好合伙创业中的各种问题，这样才能使创业之路更顺畅。

创业的四种常见模式

创业模式不外乎四大类：一是由打工起步，积聚资本；二是仿效成功人士；三是由业务营销基层做起；四是摸着石头过河。 当然，这四种模式不是万能的，需要结合自身情况，看看想创业的你更适合哪一种。

1. 从打工做起的创业模式

以个人创业为目的的打工，首先要做好正确的选择。

创业需要选择自己喜欢的事做，在未来的创业路上，每个人可能要付出几年甚至十几年的艰辛工作。 一个人如果做自己喜欢的事，每天工作 24 小时也不觉得辛苦。 可如果是做自己不喜欢的事，每天工作一小时都是煎熬。 否则，你也许会有一天因梦想遇到挫折，而在懒惰中放弃。

创业当然要选择赚钱的行业去做。做不赚钱的事，那是折磨自己的生命和浪费资源。每个地区和城市的经济资源是不一样的，要选择自己所在地区有规模、有优势的行业做。如果你不是选择当地资源独特、规模最大的行业做，最终你的生意是做不大的。

同时，还要有目的地去学习和积累。要学习你目前所在公司和企业的管理知识、产品知识和营销知识，而不仅仅是你的岗位知识。要勤奋地帮老板做事，工作上做出优异的业绩，让老板喜欢你，进而成为你的朋友，能够帮助你，乐意把他的真经告诉你，要充分利用好自己的平台资源。要利用公司或企业的平台，广泛结交和积累人脉资源和其他资源。就算比较成熟以后也不要盲目地、急迫地脱离这个平台。尝试利用现有的平台资源为自己做事，先兼职或在职创业，等有了自己的事业基础，各方面条件充分成熟以后，再脱离打工，开创自己的事业。

2. 学习成功人士的创业模式

成功的人像一面旗帜。创业成功的一个有效秘诀就是跟对人，跟成功的人做事。在你有个人创业打算后，就要有目的、有准备地用心去学习成功人士如何做事，如何思考。要用心智去感悟成功人士是如何成功的，因为成功是有方法和途径的，要认认真真地帮助成功人士做事，成为成功人士的朋友，让成功人士能真心地帮助你、教导你。千点万点，不如名师一点。成功的最好的方法，就是向成功人士学习。

3. 从业务代表做起的模式

如果想创业的话，确定一个你日后要经营的行业和产品，在这个行业中选择一个好的公司，然后去做这个公司的业务代表。 这就是所谓的从底层开始积累经验。

在自己所在的城市为这个公司开拓市场，销售产品，进而熟悉这个行业，了解这个产品，拥有这个市场。 条件成熟后，从业务代表转换成代理商，开始自己创业。 为此目的，你要尽量选择到好的公司去，因为这样才能更容易实现自己的梦想。

4. 摸石头过河的创业模式

并不是所有的事情都有经验可循，摸着石头过河也是创业的一种方式。 这种模式能满足急迫实现梦想、自己当老板的渴望，可以马上开始创业。 但这是一条下策，这样的创业模式可能会走弯路，让你经历无数的挫折和失败。 因此，你可能要交更多的学费，承受更多的孤独，遭受更多的误解，甚至在一次又一次的挫折和失败中，因丧失信心而最后放弃。 所以你需要在失败和实践中不断反思，不断修正自己。

创业的十个温馨提示

有人说年轻人创业，最大的资本就是年轻。 因为年轻，你有时间和机会重新来过，但是没有人会想失败，所以，给创业的年轻人十个温馨提示，以助年轻人成功创业。

（1）深刻了解自己。 想一想自己到底是否适合创业，明白自己有几斤几两，有什么优势，有什么劣势。

（2）最好选择和自己的兴趣能够搭上边的事业，这样做起来会很愉快。

（3）做好吃苦的打算。

（4）要执着和专注，切莫三心二意。 今天我决定开饭店啦，就开始忙活；明天要炒股票啦，又开始忙活……这样的结果肯定是一事无成，白费时间。 对所投资的行业什么都不了解，凭着一股热血就往前冲，就像猴子掰玉米，最后两手空空。

（5）企业不能家族化。 比如要开饭店：大叔家狗胜子闲着，来当服务员，厨师用二舅家那三胖子，财务用……这样有太多的弊端，比如他们犯错了，说还是不说？ 请神容易送神难，只好维持下去，越维持越僵，直到事业瘫痪。 还有可能他们会凭着和你的关系多多少少捞点外快，要知道，这些外快到头来是出自你身上的。 所以说，家族化的企业不容易管理。

（6）千万别骄傲。 这点相当重要，有些人事业稍微有点起色就不知道自己是谁了，没事打个电话通知一下七大姑八大姨"俺赚钱了，请你们去吃大餐"，这样很不好。

（7）切忌玩物丧志。 比如赚了钱，却沉迷赌博，以后的事情不用说也知道，赚的钱都交给了赌场。

（8）遇到困难要坚强面对。 虽然这是老生常谈，但还是有好多人因为遇到困难无法坚持下去而放弃。

（9）要懂得"借"这个字！　年轻人创业拥有的东西少，这就需要借，借资金，借经验，借名气。　这个借不单是借钱那么简单，而是有效利用。

（10）要有一颗感恩的心，要好好报答曾经帮助过自己的人们。

创业的五大错误认识

年轻人创业，往往有一些错误的认识，如果这些错误认识不消除，很难保证创业不会失败。

错误认识一：创业者需要良好的教育背景

总的来说，曾经接受过良好教育的人，做起生意来会容易一些，这是不用怀疑的。　但这也只是就"总的"情形来说。社会上受过良好教育而做生意失败的人比比皆是，没有接受完整教育的成功企业家也不在少数。　良好的教育背景带给人信心，帮助人站上较高的起点，但是，投入工作以后，在社会这所大学，最有价值的成绩还要看工作的"结果"。

能不能创造工作成果的关键在于创业者是否继续保持学习的心态，若能继续学习，则过去学历所造成的差别将会日渐泯没。　日本松下电器的松下幸之助、台湾塑料胶巨子王永庆的学历都不高，但他们都凭个人的努力成就了自己的事业，能说学位一定与成就成正比吗？

　　错误认识二：创业者必须比别人聪明

　　有一项以许多大老板为对象的调查显示：没这回事！ 聪明人固然反应快些，但追求成功的旺盛企图心，却未必比另一位智力中等但却竭尽所能的创业者强。 另外，商场上大量的决策工作，往往不是靠聪明脑袋想出来的好点子来决定，而是依靠深通人性、老于世故的判断力来确定的。

　　错误认识三：创业者得有充足的资本

　　商业圈里"资金缺乏"是普遍现象，银行家少的是几十亿，企业家缺的是几百、几千万的项目基金，巷子口的小店也需要借个几千元周转。 资金不足并不是创业的绝对障碍，你可以从不需要大量资金的小生意做起，或是把你的创业计划缩小。 等生意做成功赚了钱，再设法扩大生意规模。 只要掌握了做生意的原则并为之努力，最后还是能够发达起来的。

　　错误认识四：创业者先有好的构想

　　真正好的构想，常常是在不够好的构想上全力以赴奋斗一番以后才会出现的。 难道我们就因为只是一些普通的构想，就停步不前，放弃我们创业的心愿吗？ 所谓好的构想还须经过市场验证才算得上好。 既然我们的知识和经验天天都在增加，我们的创业构想当然也经常需要调整、修正、补充、创新。 所以，当其他条件都有眉目的时候，即使我们的创业构想并不显得那么突出，我们仍然可以选择"在相同水平下和人公平竞争"的方式，开始我们的事业。 成功的关键在于实践。 将中等的生意构想彻头彻尾地执行、实践出来，我们至少得到一个中等的成果。 徒然拥有上好的主意，却不用心执行，结果也是什么也得不到。

错误认识五：创业必须不择手段

我们不敢说商场上没有诡诈，但愈是做正经生意、长生意或是大生意，诡诈的作风愈是没有作用。 我们经常发现的偷斤减两、假冒伪劣现象，不是上不了台面的小商小贩，就是见不得天日的歹徒所为。 我们创业的目的是安家立业，贡献社会。我们的目标是自我实现和做一个"令人尊敬的企业家"。 我们没有理由降低我们的做人标准来向不良的商人看齐。

如果你已经动了创业的念头，不妨参考一下多数人的创业原因，如果你和别人相同的理由愈多，表示你创业的决心也愈大。

（1）我的欲望多，所以我爱赚钱，我要追求经济独立，不能光看别人赚大钱。

（2）我的人生志愿，就是开创属于自己的事业，这样我才有成功的机会，我的看法、想法和经营管理目标才能付诸现实。

（3）我年轻，没学历，除了创业之外，我没有其他的选择。

（4）我掌握了某种最新科技手段，并且有一定的市场需求。

（5）我发现了一个赚钱的好点子，不亲自下手干太可惜了。

（6）我再也不愿过朝九晚五、看领导眼色的日子。

如果你有这些想法，就开始着手自己的创业计划吧！

创业成功的四个关键

成功者总是有一个宏愿，敢于要那些平常人看来不可能获得的东西。 其实每个人都有自己独特的竞争优势，只要你能够牢牢地把握住这一点，成为有钱人离你并不远。

致富的路总是充满艰辛与挑战的。 那么，如何才能在寻找致富机会、创建事业的过程中有效地回避风险，如何才能在通往成功的道路上巧妙地绕开失败？ 这是许多想要致富的朋友关心的一个问题。

李宁从一个国家运动员到一个全国知名的企业家，他的成功史就告诉了我们创业成功的四个关键。

创业成功的第一个关键是：审时度势，把握时代脉搏。《孙子兵法·势篇》中说："善战者，求之于势。"意思是说：善于作战的人，就在于能够造成有利的态势取胜。 成语中就有"势不可挡"与"势如破竹"。 势，就是力量，就是走向。 看清了它的将来，坚定不移地去做，事业就已经成功了一半。 趋势是受多方面因素影响的，如政治变革、社会风气、经济、家庭结构、人口、个人喜好等。 适应市场才能驾驭市场，把握市场的演变规律，才能使自己处于市场领先地位。 正所谓大局在胸可眼观六路，顺时而动可一劳永逸。 因此，创业一定要掌握审时度势这一关键点。

创业成功的第二个关键是：看对风向，选对行。 俗话说：商海泛舟如江湖行走，云卷云舒，成王败寇。 市场竞争，风云变幻；商战之途，险象环生。 若要立于不败之地，就必须审时应变，洞察市场，以战略家的眼光，抓住商机。 对于创业者来说，选择往往比努力更重要。 因为努力不一定都会有好的结果。 错误的选择往往会使辛勤的努力付诸东流，正确的选择才是打开成功之门的钥匙。 "3年前你的选择决定了你今天的结果，今天你的选择将决定你3年后的成就。"

不知大家是否听过这样一个小故事：有3个人同时被关进了监狱，他们要在监狱里度过3年的时光。监狱长许给他们3个人每人一个愿望。美国人爱抽雪茄，他要了3箱雪茄。法国人最浪漫，要一个美丽的女子相伴。而犹太人说，他要一部与外界沟通的电话。3年过后，第一个冲出来的是美国人，他的嘴里、鼻孔里塞满了雪茄，大喊道："给我火，给我火！"原来他忘了要火了。接着出来的是法国人，只见他手里抱着一个小孩子，背上背着一个小孩子，美丽女子手里牵着一个小孩子，肚子里还怀着第四个孩子。最后出来的是犹太人，他紧紧握住监狱长的手说："这3年来我每天与外界联系，我的生意不但没有停顿，反而增长了200%，为了表示感谢，我愿送您一辆劳斯莱斯！"

所以，这些企业家之所以伟大，首先一定是因为他们选择了伟大的事业！ 许多人都想致富，许多渠道也都介绍着各种各样的致富项目，在如此众多的致富项目面前，该如何去择取则非常有必要动一番脑筋。

选择行业，在这里有两个标准：

其一，一定要选择朝阳行业。 因为只有朝阳行业，才有足够的成长空间，才能给创业者提供最充分的施展余地。 这样的道理好像大家都知道，都知道少数人了解的才是"商机"，才是机会。 但是当一个只有少数人了解的事业机会摆在面前的时候，很多人并不见得有眼光和行动力去抓住。 那么，什么是朝阳行业呢？ 有两个判断标准：创业者刚刚开始进入，法律刚刚出台法规来规范市场。

其二，一定要选择尚未饱和的行业。 因为只有尚未饱和的行业，竞争才不会那么激烈，才能给缺乏经验和资金的后来者更多机会，即根据市面机能选择项目。 市面机能是由供求变化决定的，当某种产品供不应求时，其价格就上涨，利润就增加；反之，不仅没有利润，成本也可能不同程度地赔进去。 如某人因其产品新颖，市面上较少，远远不能满足好奇者的需求，因此其产品出售价格昂贵，连初期追随他的人也能一举致富。 可要是全国有很多人都做这个项目，这个项目就会非常快地经过成长期、成熟期然后进入衰退期，这个项目就会铺天盖地涌向市面，其市面价格就可能下降，最后追随者们不但不能获利，而且还有可能血本无归。 过去商人们常说："本大利大。"但如今，本钱大并不一定能保证赚大钱。 假如你观念和行动落伍，不能先知先觉，在行业已经饱和后才进入，那么，亿万金钱可能在几年、几个月甚至一夜之间化为乌有。思路不对，方向不对，投资越多，亏损越大。经商创业就一定要在有水的地方打井。有经验的掘井人，在掘井之前总是先要仔细地查看四周的地形地貌，然后选准一个最合适的开掘点。只有找对了地点，才能花最少的力气与时间掘出一口水源充足、水质甘甜的井。有一句话叫"看对池塘钓大鱼"，说的就是这个道理。所以，亲爱的朋友，任何时候我们都不要忘了为自己挖一口值得一挖的井。如果没水，怎么挖也是枉费心机。

创业成功的第三个关键是：杠杆原理，借力使力，学会利用已有的系统来复制成功的经验与模式。阿基米德说："给我一个支点，我能撬起地球。"几千年前，荀子说："登高而招，臂非加长也，而见者远。顺风而呼，声非加疾也，而闻者彰。假舆马者，非利足也，而致千里。假舟楫者，非能水也，而绝江河。君子生非异也，善假于物也。"其寓意是，成功的人一定是善于利用工具，学会借力使力，抓住机遇，乘势而上的人。初创业者，学会利用已有的成熟系统，学会复制成功的经验与模式非常重要。因为它可以助你一臂之力，成为你成功的助推器。

麦当劳卖的是什么？麦当劳卖的就是一个成功的系统。成功、成熟的特许经营也就是加盟系统有几个典型特征：首先，一定要有强有力的支持系统，支持系统是特许经营的核心之一。受许者购买的不仅仅是商品的销售权和商标使用权，还有整个商业模式的经营权。特许者要对受许者在企业创建和经营运作方面给予支持和指导，这要求有一个强有力的加盟总部，具有较强的组织能力，能够提供营运、系统和行销等方面的支持。 其次，要能提供标准化的产品线规范。 第三，要制订统一的服务规范。 第四，要有稳定的、有品质保证的物品供应链系统。 第五，要有培训的支持，有一套培训和知识传授的方案及实施计划。 最后，要有信息系统的支持。 特许经营组织总部必须有独特的信息网络，保证信息的畅通准确，保持高效率、高水平的领导，要有能力对各成员店进行经常性的指导。 假如一个特许经营系统同时具备了以上所有的特点，那么你真的挖到了金矿，这样的系统、这样的企业绝对可以屹立百年。

创业成功的第四个关键是：明确的目标规划、严格的自我管理与百折不挠的韧劲。 众所周知，比尔·盖茨是世界信息领域称雄于天下的一号人物，他为何能称雄于世界呢？ 在一次和美国大学生的聚会上，比尔·盖茨透露了自己成功的秘诀。 他说，他之所以能够成功，得益于坚持做好了三个方面的工作：第一，十分专注于自己所从事的工作；第二，时刻关注着行业的发展动态；第三，明确的目标规划与严格的自我管理。 一语惊四座！ 再好的事业，如果没有明确的目标规划与严格的自我管理，都是空话。 行动决定一切！ 值得拥有的事业与人生都是成功规划的结果。 亲爱的朋友们，与其说创业是在圆一个美丽的梦，不如说是在做一件可以最大限度挖掘自己的创造潜能、管理才干和工作激情的事情。 它具有挑战性，也充满艰辛。 但是，如果学会在每一个脚印中汲取经验，你就一定会走出一条金光璀璨的大道。

以上，就是创业成功的四个关键。

30 岁前创业成功必备的八大习惯

有这样一个寓言故事：一位没有继承人的富豪死后将自己的一大笔遗产赠送给一位远房的亲戚，这位亲戚是一个常年靠乞讨为生的乞丐。这名接受遗产的乞丐立即身价一变，成了百万富翁。新闻记者便来采访这名幸运的乞丐："你继承了遗产之后，你想做的第一件事是什么？"乞丐回答说："我要买一个好一点的碗和一根结实的木棍，这样我以后出去讨饭时方便一些。"

可见，习惯的力量是惊人的。

习惯能载着你走向成功，也能驮着你滑向失败。因为它是一贯的，会在不知不觉中经年累月地影响着我们的行为，影响着我们的效率，左右着我们的成败。

30 岁以前养成的习惯决定着你是否成功，好习惯会使成功不期而至。下面八个好习惯是成功者必备的：

1. 积极思维的好习惯

有位秀才第三次进京赶考，住在一个经常住的店里。考试前两天他做了两个梦：第一个梦是梦到自己在墙上种白菜；第二个梦是下雨天，他戴了斗笠还打着伞。临考之际做此梦，似乎有些深意，秀才第二天去找算命先生解梦。算命先生一听，连拍大腿说："你还是回家吧。你想想，高墙上种菜不是白费劲吗？戴斗笠打雨伞不是多此一举吗？"秀才一听，心灰意冷，回店收拾包裹准备回家。店老板非常奇怪，问："不是明天才考试吗？今天怎么就打道回府了？"秀才如此这般说了一番，店老板乐了："唉，我也会解梦的。我倒觉得，你这次一定能考中。你想想，墙上种菜不是高种吗？戴斗笠打伞不是双保险吗？"秀才一听，觉得更有道理，于是精神振奋地参加考试，居然中了个探花。

可见，事物本身并不影响人，人们只受到自己对事物看法的影响，因此人必须改变被动的思维习惯，养成积极的思维习惯。

怎样才算养成了积极的思维习惯呢？当你在实现目标的过程中，面对具体的工作和任务时，你的大脑里去掉了"不可能"三个字，而代之以"我怎样才能"时，可以说你就养成了积极的思维习惯了。

2. 高效工作的好习惯

一个人成功的欲望再强烈，也会被不利于成功的习惯所撕碎，而埋没于平庸的日常生活中。所以说，思想决定行为，行为形成习惯，习惯决定性格，性格决定命运。你要想成功，就一定要养成高效率工作的好习惯。

确定你的工作是否有效率，是否有利于成功，可以用这个标准来检验：在检省自己工作的时候，你是否为未完成工作而感到忧虑，即有焦灼感。 如果你应该做的事情没有做，或做而未做完，并经常为此而感到焦灼，那就证明你需要改变工作习惯，找到并养成一种高效率的工作习惯。

高效工作从办公室开始：

了解你每天的精力充沛期。 通常人们在早晨 9 点左右工作效率最高，可以把最困难的工作放到这时来完成。

每天集中一两个小时来处理手头上紧急的工作，不接电话、不开会、不受打扰，这样可以事半功倍。

立刻回复重要的邮件，将不重要的丢弃。 若任它们积累成堆，反而更浪费时间。

做个任务清单，将所有的项目和约定记在效率手册中。 手头一定要带着效率手册以帮助自己按计划行事。

减少回电话的时间，如果你需要传递的只是一个信息，不妨发条手机短信。

对可能打来的电话做到心中有数，这样在你接到所期待的电话后便可迅速找到所需要的各种材料，不必当时乱翻乱找。

学习高效搜索的技能，以节省上网查询的时间，把你经常要浏览的网站收藏起来以便能随时找到。

3. 养成锻炼身体的好习惯

要有保健的意识，如何落实保健意识呢？ 一是要有生命第一、健康第一的意识，有了这种意识，你就会善待自己的身体及心理，而不会随意糟蹋自己的身体。 二是要注意掌握一些相关的知识。 三是要使自己有一个对身体的应变机制：定期去医院做身体检查；身体有不适时，应及早去医院检查；在有条件的情况下，可以请一个保健医生，为自己的健康保驾护航。

锻炼身体，就像努力争取成功一样，贵在坚持。

4.养成阅读的好习惯

"万般皆下品，唯有读书高"的年代虽然已经过去了，但是养成读书的好习惯则永远不会过时。

哈利·杜鲁门是美国历史上著名的总统。他没有读过大学，曾经营农场，后来经营一间布店，经历过多次失败，当他最终担任政府职务时，已年过五旬。但他有一个好习惯，就是不断地阅读。多年的阅读，使杜鲁门的知识非常渊博。他一卷一卷地读了《大不列颠百科全书》以及所有查尔斯·狄更斯和维克多·雨果的小说。此外，他还读过威廉·莎士比亚的所有戏剧和十四行诗等。杜鲁门的广泛阅读和由此得到的丰富知识，使他能带领美国顺利度过第二次世界大战的结束时期，并使这个国家很快进入战后繁荣。

可以说，几乎每一个成功者都是有着良好阅读习惯的人。世界 500 强大企业的 CEO 至少每个星期要翻阅大概 30 份杂志或图书资讯，一个月可以翻阅 100 多本杂志，一年要翻阅 1000 本以上。 如果你每天读书 15 分钟，你就有可能在一个月之内读完一本书。 一年你就至少读过 12 本书了，10 年之后，你会读完至少 120 本书。 想想看，每天只需要抽出 15 分钟时间，你就可以轻易地读完 120 本书，它可以帮助你在生活的各方面变得更加富有。 如果你每天花双倍的时间，也就是半个小时的时间读书的话，一年你就能读24本书——10年就是240本。

5. 谦虚的好习惯

一个人没有理由不谦虚。 相对于人类的知识来讲，任何博学者都只能是不及格。

著名科学家法拉第晚年时，国家准备授予他爵位，以表彰他在物理、化学方面的杰出贡献，但却被他拒绝了。法拉第退休之后，仍然常去实验室做一些杂事。一天，一位年轻人来实验室做实验。他对正在扫地的法拉第说："干这活，他们给你的钱一定不少吧?"老人笑笑说："再多一点，我也用得着呀。""那你叫什么名字? 老头。""迈克尔·法拉第。"老人淡淡地回答道。年轻人惊呼起来："哦，天哪! 您就是伟大的法拉第先生!""不"，法拉第纠正说，"我是平凡的法拉第。"

谦虚不仅是一种美德，更是一种人生智慧，是一种通过贬低自己来保护自己的方法。

6. 自制的好习惯

任何一个成功者都有着非凡的自制力。

三国时期，蜀相诸葛亮亲自率领蜀国大军北伐曹魏，魏国大将司马懿采取了闭城休战、不予理睬的态度对付诸葛亮。他认为，蜀军远道来袭，后援补给必定不足，只要拖延时日，消耗蜀军的实力，一定能抓住良机，战胜敌人。

诸葛亮深知司马懿沉默战术的厉害，几次派兵到城下骂阵，企图激怒魏兵，引诱司马懿出城决战，但司马懿一直按兵不动。诸葛亮于是用激将法，派人给司马懿送去一件女人的衣裳，并修书一封说："仲达不敢出战，跟妇女有什么两样。你若是个知耻的男儿，就出来和蜀军交战，若不然，你就穿上这件女人的衣服。""士可杀不可辱。"这封充满侮辱轻视的信，虽然激怒了司马懿，但并没使老谋深算的司马懿改变主意，他强压怒火稳住军心，耐心等待。相持数月，诸葛亮不幸病逝军中，蜀军群龙无首，悄悄退兵，司马懿不战而胜。

抑制不住情绪的人，往往伤人又伤己。 如果司马懿不能忍耐一时之气，出城应战，那么或许历史将会重写。

现代社会，人们面临的诱惑越来越多，如果人们缺乏自制力，那么就会被诱惑牵着鼻子走，偏离成功的轨道。

7. 微笑的好习惯

微笑是大度、从容的表现，也是交往的通行证。

举世闻名的希尔顿大酒店，其创建人希尔顿在创业之初，经过多年探索，最终发现了一条简单、易行、不花本钱的经营秘诀——微笑。从此，他要求所有员工：

无论饭店本身遭遇什么困难，希尔顿饭店服务员脸上的微笑永远是属于顾客的阳光。这束"阳光"最终使希尔顿饭店赢得了好评。

8. 敬业、乐业的好习惯

敬业是对渴望成功的人对待工作的基本要求，一个不敬业的人很难在他所从事的工作中做出成绩。

美国标准石油公司有一个叫阿基勃特的小职员，他开始并没有引起人们的注意。他的敬业精神特别强，处处注意维护和宣传企业的声誉。在远行住旅馆时，他总不忘记在自己签名的下方写上"每桶四美元的标准石油"的字样，在给亲友写信时，甚至在打收条时也不例外，签名后总不忘记写那行字。为此，同事们都叫他"每桶四美元"。这事被公司的董事长洛克菲勒知道了，他邀请阿基勃特共进晚餐，并号召公司职员向他学习。后来，阿基勃特成为标准石油公司的第二任董事长。

逆向思维是创造商机的诀窍

在美国的俄勒冈州，有一家餐馆的名字叫作"最糟糕餐馆"。事实上，这家餐馆的饭并非有多么糟糕，餐馆的建筑、布置、供应的食物以及招待的方式均无特殊，只是名字独特。

餐馆在对外宣传时，宣称餐馆食物奇劣、服务则更差。墙上贴出的即日菜谱上介绍"隔夜菜"。奇怪的是，尽管餐馆主人将自己的餐馆贬得一无是处，但开业十几年来，不论当地人还是外地游客，都慕"最糟糕餐馆"之名而来，亲自到餐馆坐一坐，点几个菜尝一尝，亲眼看看这家餐馆到底是怎么个"糟"法。其实餐馆老板正是利用了人们的逆反心理赢得顾客，顾客也因为对"糟"好奇而来就餐。

做生意要讲究出奇制胜。"最糟糕餐馆"采用逆向思维，不再以"优质服务，饭菜可口"等传统口号吸引顾客，反其道而行之，反而更加能够吸引顾客。

逆向思维法是指为实现某一创新或某一用常规思路难以解决的问题，而采取反向思维寻求解决问题的方法。该方法是一种科学的、复杂的思维方法，常常表现为对根深蒂固的传统观念的背叛，它要求在运用该方法时一定要对思维对象有全面、深入、细致的了解，依据具体情况具体分析的原则进行，还要求具有敢担风险、勇于创新的精神。

从 2006 年开始，豆瓣的用户年度增长四倍。早年豆瓣用户的相似度很高，大家推荐出来的书、电影、音乐都符合彼此的口味。但是现在用户的构成太多元了，一些人十分推荐的书，另一些人可能并不喜欢，好比一本在物理界获得极高荣誉的书，在一个历史学家眼里并没有太大价值。豆瓣审视了自己"最核心的内容是围绕个人产生的"的原则，采取逆向思维，决定逐步采取"去中心化"决定，弱化豆瓣网的媒体特征。具体的做法是去掉一些公共内容，比如首页推荐。去掉这些内容后，网民想要了解好看的书、电影以及好听的音乐，就必须注册为豆瓣用户，并提供自己的兴趣点。然后豆瓣根据用户提供的信息经过周密的算法后，向他们推荐书、电影、音乐。与此同时，"去中心化"更为豆瓣的二次融资提供了一笔巨大的财富：用户数量的提升和用户信息的提供。豆瓣去掉首页推荐后，许多网民就失去了"只看不注册"的这顿免费午餐。这么一来，游离于豆瓣外的500多万固定网民有望注册成为豆瓣的正式用户。用户提供了自己的兴趣点后，在得到豆瓣推荐的文艺产品的同时，也为豆瓣完成广告精准投放提供了必要条件。

豆瓣网在2006年收到了IDGVC 200万元的天使投资后再无资金入驻。2006年豆瓣和千橡互动交换股权一事，后被证实为谣言。豆瓣负责人杨勃认为，融资的数量应该和网站的规模相称，豆瓣规模大了，正在准备新一轮的融资。"去中心化"给豆瓣带来的海量用户量和全面的用户信息，为融资提供了最好的准备。但是，"去中心化"带来的强制性用户注册和强制性信息提供，必然引起用户的流失，只是数量多少的问题。数量大，则对豆瓣来说是一个颠覆性的灾难。

"去中心化"所带来的，是一笔财富，还是一个灾难？只能交给时间去验证。对于经营，杨勃没有太大的野心，不过他过去以无广告页面广受好评的豆瓣网，也许就要正式引入广告商业模式。

豆瓣网的传统盈利模式是：在每本书下悬挂不同的购书网站的logo和价钱。每次有用户通过豆瓣网的链接进入当当、卓越这样的大型网上商城购物，双方就会按照事先约定的比例进行利润分成。这样的盈利模式满足一个小作坊的运营不成问题，但是当豆瓣规模做大了，团队扩张、成本膨胀后，如此单一的收入渠道未必能够满足它的运营成本。加强商业化，是豆瓣扩张的内在动力。

豆瓣传统的渠道收入日益缩减。压力首先来自网民阅读习惯的改变，越来越多的网民习惯于下载电子书，新浪、腾讯等门户网站开辟了免费在线看书的频道后，更多网民失去了对高价格的纸质书籍的购买欲望。网友阅读习惯由纸书向电子书的过渡，弱化了图书分成这种商业模式。其次，各种返利网站对豆瓣网的盈利也造成了影响，许多"狡猾"的用户在豆瓣网看完翔实且具有价值的书籍推荐后，通过返利网站进入网上书城，返利商城便可以得到一定百分比的提成。这些都削弱了豆瓣传统的盈利能力。杨勃找到了一条解决途径。他认为未来豆瓣会大部分靠精准的广告投放来盈利。图书比价功能对用户来说很方便，它的收入只是水到渠成的收入，未来将不是主要的收入来源。

豆瓣已经开始尝试广告投放。例如《达·芬奇密码》页面的右边就出现了"合作出版社推荐"《大象的眼泪》图文。豆瓣的广告是通过算法做到的精准投放。就如《大象的眼泪》新书广告绝不会出现在所有书籍的旁边，因为豆瓣事先通过算法算出《大象的眼泪》的爱好者和《达·芬奇密码》爱好者的重叠度是最高的，然后将《大象的眼泪》广告投放到《达·芬奇密码》页面上。

广告营收的前提是广告投放流量要足够大。豆瓣网下，书、电影、音乐的频道在豆瓣中的流量并没有期望中的大，反过来影响了精准投放的效果。如何将人气变为盈利从而收回成本，不仅涉及豆瓣的经营，同时也在影响豆瓣的定位。

一个功能很类似百度贴吧的"小组"频道，它的流量就占领了豆瓣总流量的三分之一。蚂蚁网总裁麦田在《豆瓣的真相》一文中估计豆瓣的小组流量甚至高达全站的70%以上。豆瓣网人气旺的万人小组的许多主题均是明星、养生、美容、服装等。豆瓣网的传播经理Vivi小姐说，过去媒体对豆瓣的关注点集中在书、电影、音乐，近来媒体的焦点更多地集中在了小组上，还有一个媒体专门做了一个"豆瓣国货化妆品小组"的报道。这些话题和书、电影、音乐没有太大的关系，小组里的火热讨论并不能反哺书、电影、音乐的流量。

理论上说，可以将这些热门话题涉及的产品提炼出条目，然后走书、电影、音乐的商业模式。但是杨勃没有打算将这些热门产品独立出类似书籍的条目，他认为这些东西种类太少了，并没有谁会买从来没听说过的某个品牌手机。

因而对于百度贴吧引入了广告的做法，豆瓣还没有将这种商业模式引入小组中。因为它和豆瓣网"发现"的定位不一致。然而豆瓣要谋求发展必须解决融资的问题。

逆向思维最可贵的价值，是它对人们认识的挑战，是对事物认识的不断深化，并由此产生"原子弹爆炸"般的威力。我们应当自觉地运用逆向思维方法，创造更多的奇迹。

如果你想变富，你需要思考，独立思考而不是盲从他人。

这个世界上，没有什么是不可能的。"不可能"的偏见是你的敌人。所以，我们必须学会打破一切常规，让不可能成为可能。那么，你将收获真正的"不可能的财富"。

第六章
财富增长方案与风险分析

资本与团队共舞，借外力创富

在当今这个竞争日益激烈的市场经济时代，要想在商场上有一番成就，在复杂的商战中永远立于不败之地，仅靠单打独斗是行不通的。俗话说："就算浑身是铁，又能打几颗钉？"你应该学的是"借力"。

"会借别人的手帮自己干活，就等于自己在干活。"无论是本企业的员工，还是你的顾客，或者是你根本不曾相识的人……只要你会"借"，能够让他们心甘情愿地帮你做事，做到"毕其智为己所用"，就一定能够心想事成、"借力生财"。

作为一家新兴企业，缺少相关资源，而且当时的网络安全行业也没有发展到相当的规模，因此 NetScreen 公司在创业之初并没有引起硅谷风险投资家的关注。

如果没有资金的支持，再好的项目也是无法运作的。一个月之后，邓锋、柯严和谢青三个青年只好去找天使投资。硅谷有很多天使投资者，这些人来自不同的国家，中国、美国、新加坡、日本……这些天使投资人并不是很懂技术，但是他们相信敢于创业的至少都是会经营并且有着成功的基础与信誉的人。他们更看重创业者的能力如何，是否有一种负责的态度。

在这样的硅谷理念之中，邓锋和他的创业伙伴们通过朋友介绍，很快获得了第一笔天使投资，这笔100万美元的天使投资买下了 NetScreen 公司20%的股权。3个月后，第二笔100万美元的投资到位。那时的 NetScreen 公司虽然拥有一支完美的创业团队，但产品开发还只是处于试用阶段。不过，和竞争对手相比，NetScreen 产品的优势十分明显。当时，网络安全产品普遍面临着"性能瓶颈"——加装了防火墙等软件以后，网络的带宽就会下降到原来的十分之一。而 NetScreen 通过硬件解决网络安全问题，带宽不会受到影响。公司创立5个月后，曾经因投资过雅虎而闻名于世的红杉资本等多家风险投资商正式投资370万美元给 NetScreen，一年后又追加投资1080万美元。红杉资本等资金注入加速了 NetScreen 公司技术转化为产品并投放市场的速度。

钱能生钱，这是人所共知的事实。但是，却不一定非要用自己的钱不可。"借鸡生蛋""借钱生钱"同出一辙，它为现代人立志成才、白手起家开拓了一条新路，值得我们借鉴。

世界上许多富豪都是白手起家的。现代经济活动中，自身经济实力不足又要发展事业，许多人也会来个"借鸡生蛋"：借得钱来，投资生产，赚回钱来，发展壮大自己的事业。这种经营谋略，也叫"负债经营，无钱走遍天下"。

要想比别人更有钱，你要学会利用负债。负债能够缩短我们与成功之间的距离，负债能够帮助我们获得扩大化的收益。

合理的负债并不可怕，它是我们扩大资产的一种方式和途径，因此不妨勇敢当"负翁"。邓锋就是这样做起了"负翁"，赚到了大钱。

　　如果没有资本，NetScreen 将无法创立；但仅有资本，NetScreen 也无法成长起来，资本与团队是 NetScreen 不可或缺的两个重要因素。硅谷的很多创业型企业中，团队的职能常常是不完善的。尤其当创业成员大多数或全部来自于技术专家，就缺乏创建一个强大公司所需要的对销售、资本、市场等方面灵活运作的丰富经验。而且，一旦创业团队对企业成功因素有着不同看法时，很可能使努力毁于一旦。在英特尔的工作就已经让邓锋认识到了团队的重要性。刚进入英特尔公司时，邓锋负责管理一个十几个人的小团队，只有具备相当的协调能力，恰当地调动好每一个工程师，才能顺利完成一个个大型项目。

　　在 NetScreen 公司以及更多的硅谷企业中，"团队合作"意义重大。硅谷人认为团队合作是一种实践，而出色的团队合作是一个结果。正如克里斯托弗·艾弗里在《团队合作是一项个人技能》一书中所指出的那样，"无论你的权威级别是什么，学会熟练地与别人一起完成更多的工作，都应该是你提升自己价值所能做的最重要的事情"。

　　硅谷人之间是相互联系的，人人处于一种相对平等的地位，因此硅谷崇尚交流与学习的文化。这些都使得硅谷人在团队合作方面做得非常出色。一方面，人人清楚自己的才能所在，注重在团队中充分发挥自身的优势。说白了，就是个体角色的突出。另一方面，人人又必须清楚加入团队的目的，如果仅仅是为了标榜自我，而无利于团队目标的实现，那么一个"糟糕的团队"从本质上说就是个人的失败。在 NetScreen 公司运作过程之中，需要面对市场、资本运作等一系列问题时，就需要罗伯特·托马斯和红杉资本这样的专业人士或机构的加入。

邓锋认为，创业不是技术、精英意识的盲目比拼。享受团队合作的乐趣，往往能够产生生命中最丰富的体验。他曾经说过："我们的团队非常地热爱这个公司，我经常在想，我要创造一个快乐的环境。什么是快乐的环境？第一，员工在这里能学到东西；第二，能有挑战性；第三，人人都能有贡献；第四，同事之间的团队合作非常好。"

如果一家硅谷创业公司能够创造以上团队合作氛围，成功也许就会像邓锋所接下来描述的那样自然而至。他说："我和很多硅谷成功人士谈过，大家都有这样的感受，越往后面越能感觉到天时、地利、人和的重要性，运气是一定要有的。"成功要靠运气，没错，这就是典型的硅谷思维方式。我们可以从硅谷的一位杰出人物的成功感言中得到印证，看看他是如何看待一切的。斯蒂夫·沃兹尼亚克——苹果电脑的发明者，被看作是仅凭一己之力就改变了整个计算机发展历程的人。沃兹尼亚克曾说过："我很幸运,快乐的钥匙来到我手中,能够让自己一生保持快乐。成功完全是偶然,我想许多人都碰不到。它有点像宗教,突入你的头脑。我所能知道的就是相信自己很优秀,对自己有一个美好的信念,另外我还知道自己与众不同。"

当然,再好的团队都离不开优秀的管理者。在硅谷那些创业成功并最终成为优秀企业的案例中,建立一支能够有效提高成功概率的管理团队往往是一个标志性的象征。通常,在公司发展的关键阶段,创业者会从重要的位置上退下来,而首席执行官首当其冲。在硅谷,成功的企业往往会造就一位明星式的CEO,就像斯蒂夫·乔布斯、拉里·埃里森、安迪·格鲁夫等人一样受人追捧。然而,明星人物并不是硅谷企业成功的最重要的条件。毕竟,他们中的许多人曾经也是默默无闻的。太多的事例说明,在硅谷要想取得成功,必须首先学会"诠释团队合作"。

NetScreen公司遵循了硅谷这条成功定律。公司创立一年后,原SUN公司的执行总裁罗伯特·托马斯加盟了NetScreen公司,出任CEO。邓锋、柯严等创业者不再有具体的管理职务,柯严一直专注于技术研发,出任软件工程副总裁;邓锋则转至产品开发管理,主管商业策略事务;谢青离开NetScreen公司后再次创业。罗伯特·托马斯是一位优秀的CEO,带领NetScreen公司的团队,终于取得了成功。

我们已经步入一个竞争联合的时代，合作越来越成为企业赖以生存和发展的必要选择。合资、技术合作、股权转换……各种"合纵连横"计划层出不穷。所有这些行为的目的都是为了交换资源和能力，最终提升企业自身的竞争力。"合作伙伴"们试图以联盟为手段，向别的组织学习，借以取得新技术或者改善制造能力，或者拓展销售渠道，或者提高服务水平。

开展合作，通常要求合作者在管理和技术上各显其能，这种知识的转移，可以成为创新的来源。因为企业必须向合作伙伴详尽地说明企业是如何运作的，这实际上是给了企业一个重新审视自己业务流程的机会。也许你对这套流程早已习惯或者近乎麻木，但苛刻的合作伙伴却能一针见血地指出流程中的问题。

即使在合作关系开始之前，光是准备企业本身的业务流程，也往往能孕育创新，能让人学到新东西。在开展合作时，必须经常将企业的专有技术应用到不同的情形之下，例如新的市场、新的工人或新的原材料。企业的知识与技术经过测试，常能产生新的创意。

合作可以将竞争的挑战和创新的氛围引入组织内部的每个角落。由于网络经济的本质在于融合，商业竞争的全球化和国际分工的进一步拓展，使得一家或者几家企业"独霸天下"的局面不可能再现。因此，从根本上讲，合作已经构成信息时代企业生存的基本方式。

善于借势才能够让财富增值

在营销活动中，"借势"就是借助人物、事件等本身的社会效应以达到推广产品的目的。事实上，只要某一领域成为关注热点，借势就成为可能。因为从消费心理学的角度来说，传播中有一种简约机制：对受众而言，得到认可的效应暗含信任感，在其基础之上的"搭车"信息，较之陌生信息更容易被接受。

所以，借势营销中，可以借助的手段是多方面的。比如，其他行业具有轰动效应的大事件，政府有关部门的政策法规，新闻媒体的各种报道等。通过策划发挥、延伸实施，就可以为我所用，去实现自己的营销目标。

在如今这个广告满天飞的时代，善于借势无疑是一把利剑，它能充分弥补广告效应的不足，让企业省力省钱。同时，它还能够让企业站在巨人的肩膀上，最简单、最迅速地提升自身高度。韩国三星的成功可以让我们清晰地看到这个优势是如何体现的。

2002 年 10 月，获得资金注入的周云帆把公司搬到了月坛的一座写字楼，但当时公司的短信收入每月只有 10 万元左右，仍旧处于亏损状态。

不过，周云帆的运气似乎格外好。当年 5 月，空中网和新浪等网站一起，成为中国移动首批 16 家 WAP（手机直接登录的无线网站）合作伙伴之一，获得了进入无线市场的"游戏资格"。2002 年年底，空中网获得了电影《英雄》的无线版权。到 2003 年 1 月，《英雄》给空中网带来了 130 多万元的信息费收入，公司首次实现全面盈利。

周云帆说："跟《英雄》的合作完全是逼出来的。2002 年 10 月的时候，我们的收入才十几万，我们就跟员工说，到 2003 年 1 月我们要实现盈利，而且盈利的目标是 100 万，当时根本没有人会相信。"

他们把责任书布置下去，公司市场部急得满世界地找合作伙伴，刚好《英雄》正在大规模地做宣传，他们就找上门去。"我们是第一个找他们的，这就是我们的好运气，当时连《英雄》自己都不知道无线版权是可以卖钱的，所以我们只花了十几万元就拿到了《英雄》的无线版权。"

他们把《英雄》的人物、对白、音乐做成供手机下载的彩信、彩铃，剧情改编成手机游戏。2002 年 12 月，他们推出了基于《英雄》电影情节和人物制作的短信游戏、WAP 游戏和彩信彩铃。"奇迹真的出现了，到年底我们的收入一下子蹿了上来，2003 年 1 月收入就突破了百万大关，这距离我们创业还不到一年的时间。"除了带来真金白银外，《英雄》还给他们大大地造了一把势。"当时，只要有《英雄》的地方就有空中网，我们一下名声大噪。"

从那次借《英雄》之势火爆起来以后，空中网就牢牢占据了中国彩信市场的霸主地位。2004 年，空中网在中国移动的 WAP、手机游戏下载、彩信三项业务的 SP（互联网服务内容应用服务的直接提供者）收入排名中均排名第一，并通过陆续和《功夫》《神话》《无极》等大片合作，在随后的时间里巩固了这一位置。

2004 年 7 月 9 日，在主承销商瑞士银行的努力下，空中网继 TOM、腾讯、携程、掌上灵通之后，成为互联网复苏后第 5 家在纳斯达克上市的中国互联网企业，而空中网和掌上灵通是其中仅有的两家纯 SP（互联网服务内容应用服务的直接提供者）。

至此，周云帆终于实现了自己在 China Ren 未完成的目标。

最准确的信息就是财富的灵魂

我们处在信息时代，每天有无数的信息充斥着各种媒体，也刺激着你我的神经。 这给那些嗅觉灵敏、独具慧眼的人提供了足不出户即能轻松致富的机会。 他们靠思考、靠信息、靠一个机会就能获得财富自由。 他们相信：最准确的信息就是财富的灵魂。

王志东的 3 次创业，都与网络有关，他相信信息就是财富，只有抓住最准确的信息，才能创造更多的财富。他把互联网真正的价值与企业真正结合起来，让互联网信息真正为企业服务。

任何财富、任何创造、任何奇迹都起源于一个观念，唯有得到最准确的信息，才能真正得到财富。

日本企业界早就十分注重"信息"，不惜投入巨资建立信息网。如三菱商社在世界多个国家建立了一百多个机构，雇请众多外籍专业人员从事信息搜集和处理工作。它的信息中心每天接到各地发回的电报、电传、传真 4 万多份，电话 6 万多次，邮件 3 万多件。每年的电传、电报、传真和信纸连接起来可绕地球 11 圈。三菱的信息中心时刻与世界各地接通联系，何时何地发生什么情况，它在 5 分钟内便可一清二楚。

信息的重要作用已被各行各业人员所认识到，许多人把掌握信息作为一种制胜手段。

犹太人密歇根·福里布尔早已运用信息作为经营致富的通道了。

密歇根·福里布尔经营着当今世界最大的两家谷物公司之一——大陆谷物总公司。密歇根·福里布尔在接任父辈产业后，采取了与众不同的经营方式，运用现代经营策略，把公司的业务迅速扩张到世界各地。到了20世纪80年代初，大陆谷物总公司的分公司已经遍布全世界100多个主要城市，已是一家名副其实的跨国大公司。

大陆谷物总公司之所以能在30多年中迅速发展壮大，除了归功于密歇根·福里布尔高超的经营艺术以外，还与他高度重视信息管理有着密切的关系。

自从公司开始跨国经营后，密歇根·福里布尔就把信息当作企业的生命线。正如大众所知，在20世纪50年代，通信主要靠电报、电话，而且当时这两方面的成本非常高。但福里布尔却不惜代价，为了及时掌握各地谷物生产、供应和消费的信息，所有分公司都普遍应用电报、电话与总公司时刻保持联系。后来有了电传和传真机，他又率先购置这种最新设备。这些沟通信息的通道都与他分布在世界各地的住宅接通，保证他时刻可与各地分公司取得直接联系，信息一刻也不会中断。

福里布尔还雇用了大批懂技术的专业人才，分布在各地分公司，随时为他收集、分析来自世界各地的信息情报。他根据各地的不同信息情报，做出决策，就地通过先进的信息传导设备，给相关的分公司发出指令，使其每笔买卖能够恰到好处，不会因错失时机而导致经营失利。据统计，大陆谷物总公司每天收到来自其分公司及情报代理人发来的电报、传真、电传、电话近万次，由一个专门的信息情报部进行分类整理，最后浓缩进电脑，供福里布尔及总公司高层决策人员时刻参考。

福里布尔以高薪聘请各国情报局的退休人员在其信息情报部工作。这些人员既有信息专业知识和才干，又有不少"余热"，十分了解当地情况。这些人员提供的信息或了解到的情报，对他的决策很有参考价值。

随着公司的成功，福里布尔已不满足于单一经营范围，开始了多元化经营。但不管是哪一行，他都因善于发挥信息的作用而获得成功。例如：他从信息情报中了解到"美国海外轮船公司要出让一部分股权"，经过对信息进行分析后，他觉得该公司有发展前途，于是果断地购入它 14.3% 的股权，不到一年就获得股权利润两千多万美元。

因为信息对于企业的生存和发展十分重要，所以信息管理这个概念已被越来越多的企业管理者所重视。千方百计地获取竞争对手的商业信息，小心翼翼地保护好自己的商业信息，这是信息管理的精髓。

在美国，有一位名叫保罗·道弥尔的人，专门借助倒闭的企业发财。

一次，道弥尔找到一家集团公司的总经理，开门见山地问："你们手头有没有破产的企业要拍卖?"经理便向他介绍一家破产公司。两个人真可谓是一拍即合。转让合同签好后，道弥尔全面分析了公司各方面的情况，找出了经营失败的原因，然后制订了改造公司的计划。

首先，他针对公司超支浪费严重的问题，在节流方面狠下功夫；其次，采取有效措施大量降低产品成本；最后，加以其他一些管理措施。不到半年，这家公司便起死回生。公司还是原来的公司，产量却翻了一番，从此由亏损转为赢利。

有人曾问道弥尔："你总爱买那些破产的企业，恐怕是对失败者施加恩慈吧？"他回答得非常微妙："我开始是为了他，最后是为了我。别人经营的生意，接过来容易找到失败的原因，只要把这些毛病去掉，自然就会赚钱了。这要比自己从头做一门生意省力得多，再有我这个白手起家的人，手头没钱，想创业到处都是对手，只有买这样的企业既便宜又没有人注意。"

新经济时代，时间就是金钱，信息就是生命，信息的时效性显得尤为重要，及时有效的信息可以使一个企业转危为安、起死回生。因此，做好信息管理十分必要，因为最准确的信息就是财富的灵魂。

上班族的赚钱之道

说起赚钱与理财，可能很多朝九晚五的上班族会有这样的感慨："没钱哪有资格谈理财啊？"殊不知，理财投资并不是有钱人的专利，它与每个人的生活休戚相关。事实上，无论贫与富我们都要学会理财，这样才能更好地经营财富与人生。

作为一个处于事业奋斗期的上班族，可能你的薪水还不够丰厚，每个月的各项开支和日常花销也让你不堪重负，但养成良好的理财习惯，你会发现上班族也可以有自己的赚钱之道，也可以变得富有。

放眼芸芸众生，真正的富人毕竟只占少数，与其怨天尤人、自怨自艾，倒不如从小事做起，靠思考与智慧实现致富目标。上班族完全可以凭借自身优势和特点总结出自己的理财之道。当你驾轻就熟地掌握好自己的资产，慢慢地"聚沙成塔"，你也就自然"翻身"成为富人了。以下是理财专家为上班族提供的一些赚钱之道：

1. 有计划地消费

无论你薪水怎样，都要学会合理规划，理财的目的是让将来的生活更有保障。上班族不能妄自菲薄，把理财看成是有钱人的事，没钱更要理财，把自己有限的资金打理好，你才会生活得更好。

无论购物欲望多么强烈，都要按计划消费，给自己每个月的消费制定一个"封顶数"并严格遵守，保持这样健康的理财习惯，几年之后自然会让你大有收获。

2. 分散资金结构

如果在消费之余已经小有存款，建议别让钱躺在银行里

"睡觉"，可以做一些适当的投资，按照自己的风险承受能力分散资金结构，尝试多种投资方式，在保本的基础上进行投资增值。

这不是一件简单的事情。如果实在缺乏理财知识，也可以委托专业人士帮忙设计适合自己的投资方式。

3. 一定要备有家庭急用金

每个人的生活都不可能一帆风顺，没有意外发生。按照常理来说，上班族往往要应付很多事情，常常有一些不时之需。所以聪明的上班族，最好手头备有相当于自己3个月到半年工资的家庭急用金来应对一些突发状况。

储备家庭急用金很多时候不仅是一种生活习惯，还是一种未雨绸缪的生活态度，它将助你生活得更顺利。

4. 尽量避免负债，提高家庭总资产净值

提高个人或家庭总资产的净值十分重要。通常意义上，提升净值最直接的方法就是尽量避免负债，无论是房贷、车贷还是其他消费性贷款。尤其要注意信用卡，不可轻易透支，如果不熟知其中的规则，就很容易掉进各种刷卡消费的陷阱。

如果实在避免不了出现负债，也要谨慎考虑，精打细算，找出最划算实际的还债方式，要在不背负过重压力的前提下熟练理财，轻松生活。

5. 养成强迫储蓄的习惯

俗话说："万丈高楼平地起。"聪明人都知道理财的第一

步就是储蓄。 对每月都有固定收入的上班族来说，一定要从每个月的工资里拿出一笔钱存下来作为以后投资的资本。 有钱才能赚钱，这也是加速资产累积的一种重要方式。

养成强迫储蓄的习惯，再加之以合适的储蓄方式，很可能在积少成多的复利中让你获得一笔可观的收入。 这样不但为你未来的生活提供了一定保障，也让你更有自信和动力。

6. 把钱花得更聪明

现在上班族中出现了越来越多的"抠门男女"，他们学会了如何把钱花得更聪明。 在长期有计划的消费过程中，他们养成了货比三家、克制购物欲望等良好的消费习惯，避免了滥刷信用卡、负债度日等尴尬。

学会把钱花得更聪明，不仅能抑制过度消费，还让上班族更能体会生活的艰辛，从而珍惜现在拥有的一切，同时又增添了一些生活的厚实感和幸福感。

7. 开创自己的副业

某些上班族可能有些闲钱，且有自己的爱好，但苦于没有时间，往往放弃了爱好。 其实如果有兴趣，不妨尝试开创自己的副业。 或者在工作之余从事一些自己喜欢的工作，或者当一回甩手掌柜，与人合作进行投资创业。 然而一旦选择后者，就务必提前达成合作协议，分清各自的责、权、利。

这样不但能让你增加收入，很多情况下还能让你体会到管理的艰难，从而更好地配合上司或老板的工作，在主业上也有所突破，这样一箭双雕，何乐而不为呢？

赚钱是一种本事，只要用心，谁都可以。 为生计奔波的上班族，也可以选择一些适合自己的赚钱方式，在增加收入的基础上，寻找投资和生活的乐趣。

丁克们的理财方案

丁克，英文为DINK，即Double Income No Kids，是指那种不生孩子的夫妻，且夫妻双方都有稳定收入的家庭。 丁克家庭一般都是白领阶层，他们收入稳定，思想前卫，消费水平一般都很高，是典型的中产阶层。

丁克家庭于20世纪80年代悄悄在中国出现，虽然起初会招致别人的议论，但现在已经越来越被人们理解和尊重。 在家庭理财方面，丁克家庭面临的最严峻的问题应该就是养老，在没有子女的情况下让自己晚年生活无忧则需要很好的财富规划。

因为丁克家庭收入较高，又没有养育子女的负担，因此他们一般都很注重享受人生，生活质量常常比普通家庭高出很多。 而如何做好消费规划，为未来生活提供更全面的保障是他们首先要考虑的问题。 因此，丁克家庭理财时应注意以下问题：

1.全面提高保险系数

丁克家庭既然突破了"养儿防老"的传统模式，就要比一般家庭更注重保险的规划，除了公司的五险一金以外，还要适当地给自己增加一些意外伤害险、重大疾病险、终身寿险和医疗住院补贴险等。丁克家庭的保险额度应该更高，险种应该更全面，在条件允许的情况下不妨考虑保险公司专为高端客户量身定制的保险组合。

这样做不但为自己提供了多重保障，也可以免去因没有子女而导致的踽踽独行的尴尬。即使你有能力独自承担，跟有人分担的感觉也是不一样的；纵使跟你分担的只是功利性伙伴，也少了一份自怜和遗憾。

2.适当增加收益型投资

既然没有孩子，也没有大的经济压力，剩下的就只有好好规划自己美满的晚年生活了，这就是丁克家庭一再强调的养老的理财目标。

对于丁克家庭如何准备养老金的问题，可谓仁者见仁，智者见智，但有一点是一致的，就是养老规划既要考虑生存时间，又要兼顾通货膨胀。所以很多专家建议丁克家庭与其储蓄养老，不如做一些风险较小的收益型投资。因为投资回报率总是与时俱进的，这种钱生钱的方式更能抵御通货膨胀带给丁克家庭的巨大压力。比如基金和一些收益型理财产品都是不错的选择。

3.留够家庭急用金

对于丁克家庭来说，不但会有比较高的平均月支出，还要顾及双方各自商业活动和其他意外等随时可能出现的大额度支出，所以一般要留够比平常家庭多出一倍左右的活期存款作为家庭急用金等意外支出。

对于丁克家庭来说，家庭急用金具有更深层的意义，很多时候是为其成员增添了一份安全感，这是丁克家庭财务管理的一个重要方面。

作为一个特殊群体，丁克家庭有其独特之处，没有子女赡养的晚年必然有一定的不便。正因为如此，在理财时，丁克家庭才应该比平常家庭更多一份慎重。

公务员们的理财经

公务员这一职业作为"铁饭碗"，一直受到人们的追捧。公务员除了工作稳定外，薪酬和福利待遇也较为可观。公务员的薪酬模式比较特别，是属于"低工资、多补贴、泛福利"型，真正进入工资的劳动报酬并不很多。

虽然钱只是满足需求的工具和手段，理财的最终目的是用我们积累的财富来实现人生幸福，但现代社会，要想幸福，物质生活保障是一个重要方面，只有以充裕的资金做后盾才会更有自信。公务员福利待遇是比较好，但若不注意积累和规划，也很容易陷入困顿和尴尬。

从专业理财的角度来说，公务员旱涝保收、福利优厚，一般没有什么大的后顾之忧，但这绝不意味着公务员可以不理财。对于公务员家庭来说，满足不错的生活需求不是大问题，但是由于现金流比较少，且收入较为单一，专家建议理财时更要慎重。针对公务员的职业特征，理财时要注意以下问题：

1. 适当节流，控制开支

公务员家庭由于收入稳定，往往容易忽视消费问题。如果从理财的长远角度考虑，则需要适当节流，通过记账等方式来控制开支，保持一定的积蓄。福利待遇和社会保障不可能解决所有问题，子女教育问题和本人的晚年生活都要提早规划，为未来生活做好牢靠的保障至关重要。

2. 谨慎比较，量体裁衣

理财不是小事。在规划理财之前，公务员必须对自身财务状况进行充分的了解。比如自己的收支平衡能力、生命周期及风险投资承受能力，具体分析之后，再在"知己知彼"的基础上选择适合自己的理财产品，这样才能使自己有限的资金实现增值。

3. 分散投资，降低风险

投资必然有风险，公务员家庭往往喜欢通过投资来增加收益，但有些公务员由于职业特点又想规避风险。专业理财师提示，公务员家庭投资要注意"不把鸡蛋放在同一个篮子里"，学会分散投资，将风险降到最低是明智之举。

4. 合理规划，整合资金

对于公务员家庭来说，如果有了一定数额的"闲钱"，不要急于盲目放进银行做单纯的储蓄，先考虑好这些钱的基本功用，再做具体规划。首先一定要保障充足的教育储备金和养老金，在此基础上可以考虑一些低风险的投资，可以根据自己的实际情况请专业的理财顾问帮忙进行合理分配。

5. 长期投资，享受复利

这是公务员得天独厚的优势。因为收入稳定，可以长期坚持从每月的工资中拿出一部分做基金定投，这样就能聚少成多，久而久之，就会看到复利带来的惊人收益。持久投资贵在坚持，就像一张白纸来回对折 50 次其高度惊人一样，投资理财也是同样道理。

聪明的公务员们会是前途与"钱"途的双重受益者。公务员要合理理财，有效预见和规划自己的家庭收支，才可以不断提升生活质量，让自己的人生更加幸福。

人生不同阶段的理财方法

每个人的际遇不同，人生目标也有很大的差别。在我们离开学校走上社会以前大多是依靠父母供养，虽然有些年轻人也许有一定的收入，但是父母的供养还是他们主要的收入来源。
从学校毕业以后的人生，可以分为五个阶段：事业起步、新婚、为人父母、事业有成、准备退休。

为什么我们要将人生不同的阶段，作为我们理财规划的依据呢？因为每个人的风险承受能力与人生阶段密切相关，而且资产负债水平也与人生阶段有密切关系。

1. 第一阶段——事业起步

虽然离开学校已有些日子了，但对上学时的生活仍然十分向往，那时轻松自如，无忧无虑，用的是父母的钱，但是一毕业，情况完全转变，人生掀开新的一页。收入不高，负担也不多，工资升幅快。这一阶段，建议你早储蓄，可考虑每月定期储蓄一笔资金，养成定期储蓄的好习惯。

不少年轻人有个错误观念，认为自己年轻，可以投资冒险，亏了可以从头再来。奉劝你不要投机过度，不要抱着"不成功，便成仁"的态度，而是要端正自己的投资态度；分散风险，适当投资；多阅读有关投资方面的书籍，丰富自己的投资知识；总结投资经验，才能成为成功的投资者。

消费时不要贪图虚荣，刻意追求名牌。理财越早越好，年轻时开始储蓄，就算每月的金额很少，退休时所得的回报还是相当可观的。

理财策略：每月从工资中拿出一笔资金作为定期储蓄，积少成多，积累资本。

2. 第二阶段——新婚

结婚可算是人生的一个重要阶段。当你在婚礼上说"我愿意"时，那种喜悦是无法形容的。 新婚固然幸福，但也必须为将来理财。

婚后的 10 年是一生中最充实、最忙碌、最多事的一个阶段。 第一次买车、第一次购房、第一次请保姆、第一次买保险、第一次有小孩、第一次替孩子选学校、第一次搬家……支出大幅度上升。

新婚人士要解决好以下问题：

（1）居住：租还是买？ 每个人情况不同，环境也在变化，应该从实际出发，因人而异。

（2）未来目标的确定：估计自己的收入和支出，定下目标，分清轻重，逐步达到。

（3）收支预算：作好每月的收支记录。

（4）投资取向：决定理财的投资目标。

理财策略：设定好未来目标，计划好资源分配；作好预算，建立理财计划；小心用钱，量入为出；夫妻协调，互相配合。

3. 第三阶段——为人父母

养儿育女是人生的一个重要任务。 当今社会，把一个小孩抚养成人，可真是一件不容易的事情。 除了费心费力外，各种开支，比如参加补习班、兴趣班，教育经费高得惊人。

进入中年之后，各种开支逐步增加，供房、老人、孩子……孩子的教育是重中之重，人们就算是节衣缩食，也要让子女受到良好的教育。

由于通货膨胀和费用增加，孩子年龄较小的时候费用较低，随着他（她）年龄的增长，所需要的费用会越来越多，因此，要想使孩子受到良好的教育，从孩子一出生就必须进行规划。

理财策略：控制消费、量入为出；为子女建立教育基金，越早越好；家长以身作则，教导孩子如何管好钱，用好钱；购买保险，以备不时之需。

在这里，要涉及一个公式——实际投资回报率：

实际投资回报率＝（1＋名义投资回报率）÷（1＋通货膨胀率）－1

例如：张太太希望为女儿储备教育基金，以供她10年后上大学之用，如果今天上大学的费用是50000元，投资基金的回报率是10％，通货膨胀率是5％，实际投资回报率＝（1＋10％）÷（1＋5％）－1＝4.76％。

4.第四阶段——事业有成

40岁前是人生积累经验的时期，40岁后将是巩固的阶段。经过20年的辛勤忙碌，你在事业上已经有了一定的高度，这个时期最重要的就是让财富获得稳定的增长。工作收入稳步增长，而储蓄和投资收入也能不断上升，此时你就应该对你的退休做出计划。另外，孩子已经长大，父母已经退休，你也有时间去旅游，同时也要保养好身体。

理财策略：在每月的收入中，从储蓄和投资得到的收益比例将会增加；更依靠钱赚钱带来的收入；加快规划自己的退休生活；应腾出更多的时间享受人生；做好保险计划，特别是健康保险计划。

5. 第五阶段——准备退休

"养儿防老"，今天来看不太现实，并不是儿女不孝，而是因为子女本身已经负担沉重，因此应该早做退休打算。随着人类的平均寿命的延长，人们的退休生活将要占到整个人生的三分之一。

理财策略：由于即将退休，所以应为未来准备好大部分退休金；若退休金尚未充足，应尽快改变策略，调整计划；投资回报将成为收入的主要来源；计划好退休生活，享受安乐的晚年。

攒钱、赚钱、护钱——"90后"理财的三个关键

"90后"要想学会理财，首先要科学地认识什么是理财。那么，什么是理财呢？其实，理财是人为了实现自己的生活目标，合理管理自己财务资源的一个过程。说得通俗一点，理财就是以"管钱"为中心，通过抓好"攒钱、赚钱、护钱"这三个环节，管理好现在和未来的现金流，让你的资产跑赢通货膨胀，使自己不管什么时候兜里都有钱花。

人的一生，从出生、幼年、少年、青年、中年直到老年，各个时期都需要用钱，理财就是为了应对各种各样的生活需

要。 具体地说，"90后"理财的目的主要有以下几个方面：

1. 为了独立生活，"90后"必须理财

任何人都不可能永远生活在父母的庇护下，不管是大学还没毕业，还是已经进入职场，"90后"迟早要独立生活，而独立生活的前提是财务独立。

2. 为了有足够的钱结婚，"90后"必须理财

钱是婚姻的根，"90后"要想结婚，首先就要准备好足够多的钱，这个道理谁都应该知道。

3. 为了养活老人和孩子，"90后"必须理财

人人都可能面对上有老下有小的日子。 无论是老人的生活费和医药费，还是孩子的生活费和学费，都需要你事先准备足够多的钱来应对。

4. 为了过上好日子，"90后"必须理财

人人都希望过上好日子，都希望将小房子换成大房子，将普通汽车换成高级汽车，希望到国外旅游度假，而这一切都离不开钱的支持。

5. 为了应对意外，"90后"必须理财

"天有不测风云，人有旦夕祸福。"在人们的一生中，总会有意想不到的事情发生，这些事情有可能对家庭财务状况造成巨大的影响，我们事先就应该通过购买保险的方式达到转嫁

风险的目的。 一个人没有保险就如同一个人没有穿衣服，被称之为财务裸体。

6. 为了自己的晚年，"90后"必须理财

"90后"基本上都是4-2-1(四个老人、两个"90后"、一个孩子)的家庭模式，很难指望子女给我们养老，所以我们年轻时就要为自己存储养老金，以便使自己老有所养，过上幸福的晚年生活。

7. 为了家庭生活更和谐，"90后"必须理财

钱是家庭生活的润滑剂，时常给老婆点钱花，给老公买件礼物，会让你们的家庭生活更加和谐快乐。

理财的中心是管钱，它包括三个环节：攒钱、赚钱和护钱。 理财的方法就是围绕"管钱"这个中心，抓好"攒钱、赚钱、护钱"这三个理财的关键。

攒钱是理财的起点。 收入是河流，财富是水库，花出去的钱就是流出去的水。 你家中"水库"里最初的财，一定是通过积攒获得的。 那么，"90后"如何才能多攒钱呢?

(1)强制储蓄：比如每个月领到工资后，就把10%的工资存到银行去。

(2)计划消费：要养成记账的好习惯，经常检查，看看自己的钱都花到什么地方去了，花得是否合理。

(3)如果你使用信用卡，就一定要跟你的储蓄卡捆绑起来，这样你就不会忘记还款，避免产生违约金。

(4)延迟消费：不要买最新款的消费品，任何一种消费品在

刚刚推出时，价格都是较高的。如果你能延迟你的消费欲望，过一段时间再买，就能获得不少实惠，余下来的钱就可以攒起来了。

（5）如果买自住房，可以贷款，但是，每个月的还款额不要超过你月收入的 30％，这样你就不会有太大的还款压力，万一银行利率上调，你还有回旋的余地。如果每个月的还款额超过你月收入的 50％，你就成为房奴了，你会觉得压力很大。

"90 后"请记住：攒钱是理财的起点，不能攒钱的"90 后"，就会无财可理。理财是从攒钱开始的。

如果你把攒下来的钱都存在银行里，就会面临一个问题：长期来看，银行存款利率跑不过通货膨胀，也就是说你的钱会贬值。如果你把攒下来的钱都用于风险性投资，那么结果有可能跑赢通货膨胀，但也可能亏本。那么，我们应该如何分配和利用手中的钱呢？

理财专家建议"90 后"把"水库"中的钱分成 3 份，分别放在 3 个池子里。第一个池子里放的是应急钱，第二个池子里放的是养命钱，第三个池子里放的是闲钱。

之所以这样划分，是按照投资的 3 个属性来划分的。投资的 3 个属性是：流动性、安全性和收益性。应急钱对应的是流动性，养命钱对应的是安全性，闲钱对应的是收益性。

1. 管好自己的应急钱

应急钱是用于应对失业、家人生病等意外开支的，一般家庭应该保留一年的生活费作为应急钱。应急钱可以用来投资银行短期储蓄、短期国债、货币市场基金、短期保本型的银行理财产品、短期保本型的券商理财产品等。 这些投资收益低，但是流动性好，随时可以变现，而且不会亏损。

2. 守好自己的养命钱

养命钱包括自己的养老金、子女的教育费等。 一般家庭至少应该保留 3~5 年的生活费作为养命钱，而且随着年龄的增长，养命钱应该越存越多，到你退休的时候，应该有 20 年的生活费(考虑通货膨胀的因素)。 养命钱主要用于投资银行定期储蓄、中长期国债、债券基金、社会保险、储蓄型的商业养老保险、企业债券、保本型的银行理财产品、保本型的券商理财产品等。 这些投资有固定的收益，收益率中等，非常安全。

3. 用好自己的闲钱

闲钱是家庭 5 年以上不用的闲置资金，如果是退休老人，就是 20 年以上的闲置资金，这些钱可以用来从事风险性投资，但不是必须作风险性投资。 这些钱可以用于投资股票、股票型基金、房地产、黄金、外汇、投资联结保险、非保本型银行理财产品、非保本型券商理财产品、私募基金、收藏品等。 这些投资有可能带来较高的收益，但也有可能产生亏损。 我们用闲钱去投资，就好比在"水库"边上打了一口深井，目的是让自家"水库"里的水源源不断地得到补充。

"90 后"仅仅依靠攒钱和赚钱是不够的，因为有可能仅仅由于一次意外便会造成你家的"水库"决堤，使你家的钱财大量流失甚至损失殆尽。因此，"90后"需要在"水库"外面筑一道堤坝。所谓筑堤坝就是买保险，这些保险产品包括：定期寿险、意外伤害保险、重大疾病保险、医疗保险等。当你遇到意外事故的时候，保险会给你提供补偿性的资金，帮你渡过财务危机。

"90后"要学会理财，还要了解常见的理财工具，它们是：

（1）储蓄：活期储蓄、定期储蓄、通知存款、教育储蓄。

（2）债券：国债、金融债券、企业债券、可转换公司债券、资产支持债券。

（3）基金：货币市场基金、债券基金、股票基金。

（4）股票。

（5）房地产：住宅、商铺、写字楼、房地产信托投资基金。

（6）银行理财产品：保本型的银行理财产品、非保本型的银行理财产品。

（7）信托产品：证券投资信托产品、股权投资信托产品。

（8）券商理财产品。

（9）黄金。

（10）外汇。

（11）保险产品：社会保险、商业保险(保障型保险、储蓄型保险、投资型保险)。

（12）收藏品。

"90后"只有根据自己的财务状况，借助适合自己理财的工具并加以灵活运用，才能让自己的钱流动起来，进而带动更多的财富。

银行理财产品有风险

银行开设的理财产品都是存在风险的，千万不要轻易被广告上所说的高收益率冲昏头脑。 往往就是贪图小便宜和疏忽风险的心态让你放松了警惕，从而跳到风险的陷阱里。

近几年各大银行都推出了各项理财业务，于是出现了很多理财专家、理财师、理财顾问还有种类丰富的理财产品。 但当你反复琢磨后会发现，即便是银行推出的理财产品也是存在弊端的，甚至有些是挖好的陷阱，就等着你来跳。

陷阱一：避谈风险

很多银行的理财产品为了引起顾客的关注，只谈其优势，避而不谈其劣势。 实际上，理财产品也是一种投资，风险是一定有的。 可是银行的广告宣传很容易给客户造成一种错误的影响，所以很多顾客在投资并亏损大量资产后才恍然大悟，明白自己的财产面对的风险有多么大。

陷阱二：条款意思难懂

有些银行在签订理财产品合同前，会事先安排顾客阅读合同。 但是对于老百姓来说，其中的含义并不容易领会。 很多枯燥的条款和数据，顾客根本看不懂，更不用说估算风险了。

所以整个过程中银行一直站在主导地位，顾客则处于被动地位。但让每个人对理财产品都了解透彻更是不现实的。

避开陷阱的方法就是，你最好能有个熟悉的理财顾问或朋友来为你进行讲解分析，或者通过网络上的评论来看哪家银行的理财产品收益最稳定。一般在网上信誉度高的产品，可以考虑进行投资。

如果你既没有熟悉的理财顾问或朋友，也没有精力去网上了解，那还有两种方法可供选择：

第一，用最快的速度阅读理财产品说明。在阅读理财产品说明时，你需要化繁为简，只需挑选重点来进行分析理解。

了解这款理财产品是要去投资哪些东西，因为理财产品的投资方向决定了这款理财产品的风险大小。若是以债券、信托、银行承兑汇票等风险小的投资产品为主，那么这款理财产品的风险较低，收益较稳定，可尝试投资。反之，如果投资的多是股票等风险较大的投资产品，那么这款理财产品的风险较大，收益也不稳定。

除了理解理财产品所要进行投资的产品外，条款里提到的"预期收益"这一概念也需要注意。因为"预期收益"不代表真正的收益，它只代表银行在运作好的条件下所达到的最佳收益。

第二，在购买银行理财产品时，向银行客户经理进行咨询也是可取的。不过，当然不是直接问客户经理"哪款产品收益高"，而是应该根据我们所问的问题来迅速地了解理财产品的特性，还可避免被客户经理忽悠。

首先，我们可以向客户经理询问产品是否保本。如若是保本的，是否只有持有到期才保本。

其次，产品的收益情况也应有所了解，是固定收益还是浮动收益。如果是浮动收益，收益范围是多少？是否也必须持有到期等。

最后，产品的流动性相当重要，这也是之前为什么要问客户经理理财产品是否只是持有到期才有收益的缘故。因为世事难料，当遇到急事时，资金因为买了固定的理财产品拿不出来，会落得不知所措的下场。所以，流动性也是极其重要的。

我们一定要清楚，无论购买什么种类的银行产品，没有风险的理财产品是不存在的，不要因为看到较高的收益率，就被广告冲昏头脑。往往是你贪图小便宜和忽视风险的心理让你轻易上当，从而跳到风险的陷阱里。

上班族，你掉进这些理财陷阱了吗

理财规划真的有那么重要吗？或许从下面这个故事中你能体会到。

有一个原本幸福的家庭：一对40多岁的夫妇，收入稳定，没有小孩，是典型的上海白领阶层。妻子原是浦东某中学的一名教师，丈夫则是上海某报社的一名编辑，而且喜好写作，有额外的稿费收入。

　　然而天有不测风云，妻子在医院查出患了癌症，一年后丈夫也在单位体检中被查出得了癌症。为了治病，他们自付的医药费已近 30 万元，几乎是他们所有的积蓄。夫妻俩以前只买过养老保险，没有买重大疾病保险。目前，二人每月自付医药费高达七八千元，而他俩每月只有 1800 元的病休工资，加上还有 29 万元的房贷尚未还清，家庭陷入了严重的财务危机。

　　从这个故事中，我们可以强烈地感受到理财规划对于人生的重要性，因为，这样的家庭财务危机完全可以通过合理的理财方式来避免。然而，理财的陷阱多多，上班族，请小心别掉进这些理财陷阱里。

陷阱一：糊涂生活

　　在我国，一些有钱的老人过着让人羡慕的"银发生活"，他们尽情地环游世界，过着想要的生活。而有的老人则不同，他们有许多曾是白领一族，年轻时不懂理财，退休后却用他们毕生赚来的养老金在股市中搏杀，结果资产大大缩水，随后，便糊里糊涂地生活，生活质量大打折扣。

　　因此，对于白领一族而言，拿着别人羡慕的收入，你有没有想过，如果有一天面临失业，上半辈子赚来的钱是否足够养老？当突发事件来临时，平日稀里糊涂的人肯定会陷入困境。

建议：理财规划是一种全面的人生规划，必须设定理财目标，然后请专业理财师按照目前的资产状况、收入水平、家庭情况及社会发展等诸多因素来确定合理的理财与生活方式。这其中包括教育规划、养老规划、投资规划、风险管理规划、税务规划、遗产规划等。只有这样，才可以保证整个人生有稳定良好的生活质量，老而无忧。

陷阱二：透支健康

有一些东西是用钱买不到的，比如健康。坦白地说，现在有很多人都是今天用健康换金钱，明天用金钱买健康。在日趋激烈的竞争环境中，越来越多的白领阶层面临着工作的压力，小病拖着不看，不断透支身体，以致生大病后收入受损，引发财务危机。

建议：投资健康亦是一种投资，锻炼、必要的营养补充与劳逸结合构成健康投资的三要素。适度的休息是为了明天更好地工作与生活，千万不要透支体力与生命。

陷阱三：保险障碍

几年前，人们对保险推销员十分"憎恶"。在保险市场迅速发展时期，出现了许多保险代理人。由于代理人队伍素质的良莠不齐，使得许多市民对上门推销保险者嗤之以鼻，由此，也产生了两种极端的保险障碍：要么一概不买，要么照单全收。

在前面的故事中，或许有人会说，由于主人公缺乏保险意识才会有这样的后果。 但回答是否定的，他俩都买了保险——养老保险，问题是没有买合适的保险产品，如重大疾病保险。因此，这些保险都不算是"有效保险"。 保险的目的，归根到底是将自身的风险进行转嫁，保险的缺口通常是不能工作时所需资金与现有个人资产之间的差额。 因此，在购买保险时，应充分认识自己或家庭的最大风险是什么。 如果您是一名教师，单位离家很近，很少出差，那么航空意外险显然是不合适的。

购买保险时，在认清风险的同时，还需要考虑保险支出占家庭收入的比重。 保险费一般以不超过家庭总收入的 15% 为宜，保险金额根据具体情况而定，家庭收入稳定的，保障额度一般可控制在年薪的 6~7 倍。

陷阱四：过度投资

凡事过犹不及，投资也是一样。 过度投资也是一种不明智之举。

全国各地房产市场的红火，造就了不少富翁。 在财富效应的驱动下，有些投资者开始举债投资，购买多套房子以期增值，于是出现了许多"负翁"。 但日本房产泡沫的历史教训告诉我们：超负荷的过度投资，往往是财务危机的罪魁祸首。 因此，建议年轻人控制自己的债务。 用明天的钱圆今天的梦固然很好，但要有个度。 一般而言，家庭债务的合理比例应控制在家庭总收入的 50% 之内，否则，一旦市场波动或家庭发生意外的话，其破产的可能性也将增大。

陷阱五：单一投资

风险需要分散才能变小，因此，在理财时，切勿选择单一的投资方式。如今市场上的理财产品名目繁多，一些人听到预期高收益率的产品，便一哄而上争相购买，却没有关注它的风险。遇到市场变化，如股市不好，则马上谈基（基金）色变。于是，总有人在问，现在有什么可投资的？他们往往会将资金投向单一的投资领域，一旦发生投资风险，财务危机随之产生。

建议：天下没有免费的午餐，高收益的理财产品往往蕴含着高风险。投资安全的产品，如存款，也存在着负利率的风险。因此，在做理财规划时，要根据自身的风险偏好、风险承受能力、年龄、收入、家庭等情况，兼顾收益与风险来构建一个高效的投资组合，以此获得稳定收益。

房奴也能得"解放"

人的一生，无论如何都摆脱不了衣食住行这几个基本问题，通常来说，衣、食、行属于大多数人都能够解决的问题，但住的问题就没那么容易解决了。近年来，房奴似乎成了时代流行语，因为房价的飞涨，已经使越来越多的人沦为房奴了。

而且可笑的是，房奴竟然也像婚姻的围城一样，外面的人想进去，里面的人想出来。没有买房子的人总是争着抢着去当房奴，而已经成为房奴的人又拼了命地想摆脱那种沉重的压迫感。

中国作为一个人口大国，住房问题历来备受关注，历史上甚至出现过僧多粥少的局面，有钱都买不到房子。如今，好不容易房子多起来了，却还是有一部分人没有房子住。而现在房子空着好多却没人住，是因为房子价格已经让一般人无法承受了。

仔细想想，在这个城市经济通胀的时代，普通人除去日常花费还拿什么去买房子？最近几年，房屋贷款已成为众多购房者的负担。

莉亚是一个典型的都市白领，她在长沙一个新开楼盘买了套95平方米的房子。前几天，莉亚在还完月供后去查询了一下自己的还款情况，竟然吃惊地发现过去一年多，她还款额中的很大一部分只是利息，本金只占还款额的很少一部分。

她赶紧找到在银行工作的朋友。朋友告诉她，对房屋贷款，银行是先收利息，再收本金的，也就是说在还款的前些年，月供中的利息比本金要多得多，所以有条件的话还是提前还款，越早越好，那样才能减少利息。

莉亚闻言，仔细考虑了一番，决定暂时放弃投资的打算，又向父母和朋友借了一些钱，加上原来的积蓄，办理了提前还贷，终于把房贷还清了。

目前，随着房价的几轮上涨，房奴们的生活压力与贷款负担与日俱增，常常让他们喘不过气来。理财专家提醒，聪明的房奴也能"翻身"，房奴也有自己的理财窍门，如果你已步入房奴行列，不妨学学下面的方法。

1. 巧用公积金贷款

公积金贷款是指由地方住房公积金管理中心运用住房公积金，委托银行为建造、购买、大修自住住房的公积金住户以及在职期间缴存住房公积金的离退休职工发放的一种政策性贷款。

目前很多企业都为员工买了"五险一金"，"一金"也就是公积金。公积金贷款是一种政策性贷款，主要用于购房贷款，利率会有一定程度的优惠，可以极大地降低还贷压力。另外，公积金贷款还有贷款年限长、额度高、还款灵活方便等多种优势。

2. 利用"存贷通"缓解压力

目前建行、招行等大型银行都推出了"存贷通"业务，这种业务的特点是让房贷者的所有存款都运转起来，最大效益地服务于还贷，通过抵扣贷款利息等方式大幅度冲减贷款利率提高所带来的压力。

虽然房奴也是"奴"，但相对来说，还有一些特权，比如选择自己合适的"奴隶主"，也就是可以自由选择从哪家银行贷款。现代社会，随着银行间竞争压力的日趋增大，往往会出台很多用来争取客户的优惠政策，充分利用这些政策也是房奴们的快速"解放"之道。

3. 临时性贷款好处多

很多人在办理住房贷款时，都毫不犹豫地直接选择按揭的方式，以为分期虽有利息，但能缓解压力。 事实上，有条件的话办理临时性贷款会比较轻松。 也就是将自己在未来可预见的时期内的收入，比如没有到期的国债、即将到位的投资回报资金等，采用存单、质押贷款等临时性贷款方式来进行购房贷款。 这样既不用以房屋作抵押，又可以在预期资金到位的条件下快速还款，还省去了中间很多评估保险费用和商业利息，不失为一种明智的选择。

4. 赚取租金来养贷

通常来看，身为房奴的大部分人都是都市白领，他们有着浓重的"小资"情调，以为有了真正的"家"就会无后顾之忧。 在沦为房奴之后，每个月的月供、各项生活开销、各种应酬以及赡养父母的费用让他们压力倍增，反而没有了"白领"的优越感。

这时候，其实不妨试试搬出昂贵的"金丝笼"，出去租套便宜的房子，将"金丝笼"出租，这样用每个月的房租来抵房贷，就可以大大减轻压力。 房奴翻身做屋主，别是一番快感在心头。 暂时牺牲的"小资"生活，会为将来安逸优雅的生活赢得更为广阔的空间。

聪明的房奴不但能得"解放"，甚至还会因此大赚一笔，为自己以后的殷实生活奠定良好的基础。

量力而行，"80 后"要警惕沦为"险奴"

　　小李是一个"80 后"，她毕业后在一家台资企业上班。小李一家在理财方面颇有想法，这些年一共购买了 5 份保险。然而，每年几万元的保费却越来越成为一种负担。虽然 3 个人的家庭年收入加起来也不少，但全家仍觉得支付保费很吃力。

　　后来，小李一家总算缴清了其中两份保险，但余下的 3 份保险每年也有很大一笔保费，另外加上母亲退休，家庭收入降低，这 3 份保险压得全家有点喘不过气来。

小李这样的例子在现实生活中为数不少。专家说，这部分人群的可取之处在于有保险意识，但是他们却无法务实地衡量自己的实际经济能力。

其实，买保险与买房是一样的道理，都要量力而行。有恰当的保险保障是必需的，但如果"80 后"继房奴、卡奴、孩奴、车奴之后再次沦为"险奴"的话，那自己的生活水平反倒没有了保障。

1. 及时核查保单是否合理

为了有效防止保费支出过度，可以每两年或每一年对自己和家人的保单进行核查，从而发现不尽合理的地方并及时调整。

那像小李这样的情况是不是应该退保呢？保险公司相关人员就小李的情况做了一次简单的保单核查后发现，由于小李家的保险大都是较多年前购买的，那时的很多保险返还比例非常高，属于"比较划算"的保险。其中两份已经到期的保险目前已经不构成压力了。

虽然剩余的3份保险保费较高，但是由于距离缴费期结束只剩两三年了，而且小李个人的职业发展正处于上升期，因此家庭收入预期是向上的，建议咬咬牙坚持完成缴费，这样可以继续持有足额的保障。

保险理财专家认为，保费的多少要根据自己的家庭储蓄、收入、投保目的等多重因素来确定。一般来讲，家庭年保费支出占家庭收入的比例不宜超过20%，以10%~15%为宜。如果是收入较低的家庭，这个比例可以降到7%~8%。

买保险最主要的目的，是为了让这份小小的保单在我们遇到危机的时刻能帮到我们，如果购买保险成了生活中另一项沉重的负担，那就完全违背了保险的初衷。所以"80后"在购买保险之前，千万要做好计划，别一不小心成了"险奴"。

2.收入不高的"80后"应选择消费型保险

其实，容易成为"险奴"的"80后"，主要是中低收入者，或是年收入不稳定的人群。他们经济能力有限，或者没有连贯的、稳定的年收入来源，因此一旦投保过量，或是收入中断，续期的保费缴纳就难以为继了。

对于收入不高的家庭或个人而言，要想在自己的经济承受范围之内做好商业保险保障规划，要尽量少花保费多得保障，那么在险种选择上，应该偏向消费型产品。

不少人喜欢购买带有现金返还功能的保险，还有不少人在购买人生第一份保险时总是说"就当储蓄"吧。但带有储蓄或者带有投资收益功能的保险产品，因为要在一定时期后返给投保者现金，因此价格会比较高。

对于经济能力有限的"80后"而言，在没有多少钱可用于购买商业保险的情况下，自然是要挑选纯保障的产品。虽然缴纳的保险费会慢慢消费殆尽，最后不能从保险公司拿回一分钱，但你却获得了保险期间内的有效保障，已经达到了"保险"的目的，也就物有所值了。

举例来看，以死亡（无论是疾病还是意外引发的）为保险责任的寿险产品，可分为终身寿险、定期寿险和（生死）两全保险三大类型。终身寿险的保单有现金价值，可用来质押贷款，有较强的储蓄功能；定期寿险是消费型产品，保障一定时期内的身故利益，过期后就作废；（生死）两全保险可在保险期间或期满后领回一定的生存金。

"80后"小张是一家之主，女儿3岁，夫妻二人每月总收入6000元，每月结余不多，他打算从某公司购买一款寿险类产品。如果他购买一份30万元额度、15年期的定期寿险（选择15年，主要是考虑保障到女儿成年后），只需要每年支付582元的保费。如果他要购买同样30万元保额的该公司一款两全保险，15年的保险期间内每年需缴 17940 元，满期后仍然生存则返还 30 万元，保险期间内死亡也可获得 30 万元保险金；如果购买该公司的一款终身寿险，缴费 15 年，每年需缴 10500 元，身故后家人获得 30 万元保险金。

小张一家目前生活的资金本来就不宽裕，因此没有必要再通过投入一笔较大额的保险资金来为将来的生活储蓄。对小张来说，选择购买消费型的定期寿险更为合适和经济。

3. 保持理性，莫被虚荣心操纵

曾几何时，购买保险成为都市人生活中的一种流行和时尚，成为互相攀比的"常规项目"。

但作为一个理性的消费者，决不会拿保险的额度来互相攀比。尤其是对于经济收入悬殊、家庭人员结构不尽相同、家庭资产负债状况有所差别的两个家庭或个体而言，这种比较毫无意义。即便是家庭各方面情况相似，但个体之间的差异也会导致每个人、每个家庭需要不同的保险产品以及不同的保障额度。

比如，一个年收入超过 50 万元的公司高管，妻子为全职太太，并有一个 5 岁的孩子，他可能需要几百万元的寿险保障；但对一个年收入 5 万元的家庭，几十万元的寿险保障就可以了。对大多数家庭而言，保障额度基本上可以覆盖未来家庭的重大开支就足够了。

虽然建议收入不高的人们不要安排高额的保险，但也不要纯粹为了降低保费而买非常低保额的保险。曾经看到不少人买

2 万元保额的寿险，这种安排是非常失策的，这样做根本不能通过保险解决家庭可能面临的财务困难。

4. 投保时切忌"贪大求全"

对于"80 后"而言，本来保费支付能力有限，如果不分轻重缓急，想给所有的家庭成员都投以全面的保险，那么当上"险奴"的风险自然加大了。

其实，买保险最忌讳"贪大求全"，最重要的是先保障未来可能发生的、自己和家庭成员最难以应付的灾害性或创伤性事故。 在经济能力或家庭预算有限的情况下，按照需求上的"轻重缓急"来安排自己和家人的保险，也是非常重要的。

中低收入家庭购买保险的主要目的就是在家庭发生意外变故时，通过保险公司的保险保障，使家庭经济不至于遭受重创。 所以，中低收入家庭有限的保费预算更应先考虑为家庭的主要经济支柱投保，投保次序应该是"先大人后小孩"，同时购买保险越早越好。

5. 选择更有针对性的保障

选择有针对性保障范围的产品，也是防止自己沦为"险奴"的方法之一。 有一些产品看上去保障范围更广，但其中有一些也许并不是你所需要的，就没必要多花钱。

比如，对于一位男性而言，他就不需要选择带有系统性红斑狼疮(女性为主)或骨髓灰质炎(少儿多发)保障的重大疾病保险，因为多一个保障内容，保险公司就会提高一份价格。

而对于家族或家庭成员有癌症病史的个人而言，如果经济能力有限，不妨选择简易的癌症险，而不是保障范围更广的综合重大疾病保险。 举例来说，一个"80后"投保10万元保障额度的重大疾病保险，如果是长期型、储蓄型的产品，一般市场价格在2500～4000元，而像单纯的抗癌险、消费型重疾险，每10万元保额每年的保额只需要几百元，当然具体保费也与被保险人年龄有关。

此外，"80后"还需要注意：千万不要重复投保！ 这一原则特别要提醒那些不注意保险责任的人们。 比如重复购买医疗费用报销型产品，或者不注意定期寿险和意外保险中关于意外死亡的交叉保险责任，都会加重保费负担。